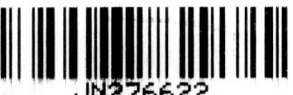

このとおりやればすぐできる

明日からつかえる シンプル統計学

身近な事例で
するする身につく
最低限の
知識とコツ

柏木吉基◉著

基礎からやさしくわかる
現場の統計学

技術評論社

はじめに

「なぜか、今年は競合よりもケータイの売上が悪い。どうすればいい？」

　そんな課題があったとしましょう。あなたなら、どんなアプローチで、この課題の答えを出しますか？

　先輩や同僚、取引先の数人に話を聞けば、「お客さんは、競合のデザインが好きらしい」という意見が多数集まるかもしれません。
　また、競合のケータイを新規に購入した友人に話を聞けば、「商品のデザインが良くて気に入った」という情報が得られるかもしれません。

　しかし、これらの情報を元に、「やはりデザインが鍵！」という結論を出して良いものでしょうか？
　もちろん、関係者の直感や、当事者の生の声は大きな判断材料になりますが、それを鵜呑みにしてもいいのでしょうか？

　そんなときにこそ統計の出番です。
　統計を使い、大量のデータを分析していくと、自分の狭い感覚や観察範囲ではわからない事実が見えてきます。たとえば競合に負けている要因を影響度順などに並べて可視化すると、

「じつは競合の値引きセールの影響だった」

ということがわかったり

「自社の他のセール品と競合していた」
「曜日によって傾向に差があった」

など、新たな要因をより客観的に突き止められたりするのです。

そんなバラ色のことを言っても、「でも統計って難しそう」と思えるかもしれませんが、安心してください。高度な専門知識手法を体得しなくても、統計は十分使えるからです。

もちろん、専門的な手法を多く使いこなせるに越したことはありません。水泳でも、バタ足しかできないよりも、クロールやバタフライ、背泳ぎなども知っているほうが、より楽しく、美しく、速く25メートルを泳げることでしょう。

でも、それらができないからといって「25メートル泳げない」わけではありません。それ以前に、プールに入るのをあきらめていてはもったいないと思いませんか？

本書で紹介している手法は、専門知識が不要、もしくはほとんど要らないものばかりです。難しい数式も極力避けています。しかし、それだけでも、普段の仕事で出くわす問題の8割ぐらいは解決できる基礎は十分身につくことでしょう。

また、「最近クレームが多い原因を分析するのに、どの手法を使えばよいのか」という具合に、身近な例をもとに統計を活用するためのヒントを解説しています。さらに、Excel 2003ですぐに実践できるような解説も入れてあります。本書のサポートページ（以下）ではExcel 2007／2010での操作法も補足しています。

http://gihyo.jp/book/2012/978-4-7741-5054-3

そのため、「理論は覚えたのに、どの分析手法で、どのデータを使ってスタートすればよいかがわからない」ということもなく、スムーズに実務に入っていけるようになることでしょう。

本書が統計を味方につけて、あなたのパフォーマンスを何倍にもパワーアップする手助けになることを願っています。

2012年3月　　柏木吉基

『明日からつかえるシンプル統計学』
目 次

CHAPTER 1

第1章

もしも「統計」の知識がどれだけ実用的かを統計で測ってみたら

そもそも統計ってどんなもの？

みなさん、「**統計**」と聞いて最初に思い浮かべるものは何でしょうか？

じつはみなさんも日常的に「統計」に触れたり使ったりしています。たとえば、毎日の新聞やネットのニュースで、こんな記事を見かけたりしないでしょうか。

> **・「食料と放射能」に高い関心　全国紙５紙調査**
>
> 今、特に関心を持って読む震災・原発事故関連記事では（1）食料への放射能汚染（63.9％）（2）福島第一原発の状況（63.5％）（3）日本経済の動向（60％）という答えが多かった。
>
> （朝日新聞：2011年9月14日から抜粋）

この記事では調査した生のデータを「63.9％」や「63.5％」という比率に加工してありますね。じつは、このように「**数字を加工したもの**」が“統計”の基本です。

そして、加工すると、数字（データ）にさまざまな意味を与えたり、見出したりできます。先の新聞記事の例では、それぞれの回答の割合（％）という形で「関心の高さ」を具体的に示しています。さらに、それぞれの割合を比較することで、「順番」という新たな意味づけを行っています。

こうすることで、単に言葉だけで伝えるよりも、そのメッセージの伝達力は格段に高まりますね。

このように、「数字を加工すること」と考えてみると、「統計」という難しそうな言葉もぐっと身近に感じられるのではないでしょうか。

統計が仕事に役立つ3つの場面

「そんな単純なことがビジネスの現場で本当に役に立つの？」

と思われることでしょう。

統計を実務で使っている人は、どんな場面で、どんなメリットを実現しているのでしょうか。

統計を使う、使わないに関わらず、次のような場面に遭遇した経験がありませんか。

・（1）問題解決

「この5ヶ月、担当地域で計画通りに売上が伸びていないのはどうしてだろう。有効な手立ては何だろう」

そんな課題は、どこにでもありますね。でもよく考えないと、ピント外れな解決策をひたすら探して、試すだけで成果がまったく出なかったり、

「みんなに発破をかけて、ガッツで底上げします！」

という、効果がアヤシイうえに、本当にがんばって成果を出している人のモチベーションすら下げてしまう精神論に落ち着いてしまったりします。

では、問題を解決するために重要なことは何でしょうか？

それは「問題」を特定することです。そして、その「特定」に役立つのが統計です。

たとえば、まずは店舗ごとの売上推移を可視化して、売上の足を一番引っ張っている店舗を特定します。

「全体の売上の足を引っ張っている店舗は、いくつあるのか」

「その影響度はどのくらいなのか」

など、現状を把握するのです。
そして、たとえば最下位の5店舗を重点対象として、その店舗の販促活動の効果を調べます。販促活動に使われている費用や人員と売上の関係がまったく見当たらなければ、その活動を続ける意味はありませんね。つまり「販促のポイントがずれている」ことがわかります。
このように

「どこに（店舗）」
「どういう（販促）」

といった形で問題のポイントを絞り込めば、それに見合った対策を考えればよいことがわかるわけです。
具体的な対策はさまざまでしょうが、たとえば

「売上が伸びている他店の販促活動と比較する」

ことで、売上改善の糸口が見えてくるでしょう。

・(2) 企画・立案

新しいプロジェクトを企画したり、現状の活動をよりよくするために提案するとき、一番求められるものは何でしょうか？
独創的な発想も重要ですが、それと並んで重要なのは

新しい提案はいつも、「“根拠”は何か」を求められる

ということです。いくら良いアイデアでも、「思いつき」だけではなかなか納得してもらえません。

そんなとき、過去の実績データから、将来につながる根拠を示せれば、とても強力な説得材料になります。

たとえば「すでに競合が進出している新たな自動車市場に参入する」という企画を立てるとしましょう。そのとき

「競合がうまくいっているから、たぶんわが社もうまくいく」

では話が通りません。しかし

「競合がこれまでうまくいっているのは、20歳代の顧客が最も多く商品を買っているからだ」

とデータで示せれば

「ではわが社は少し先の将来を見据えて、今は空いている30歳代を狙う商品に特化して攻めよう」

とか

「この市場では、今後も20歳代の人口は伸びることが予想されるので、同じく20歳代向けの商品で競争しても悪くない」

などと、より具体的なポイントと根拠をもとに話を導くことができますね。

このように「計画の根拠となる数字」が企画の心臓部となることは少なくありません。「数字を扱う技術が高いほど、提案力も高くなる」といっても過言ではないのです。

・(3) 説得

ビジネスの世界では、お客さん、取引先（パートナー）、上司、役員、同僚、社内の他部署などなど、説得先には事欠きません。説得の際に忘れてはいけないのは、データ（数字）のパワーです。

たとえば、皆さんが部下からこんな説明を受けたとしましょう。

「この日は、6万円台の買い物をする人が一番多く、70人近くいました。その他の額については、さまざまで、最も少なかったのは3万円台です。高い買い物をする顧客の割合は高くない傾向があります。」

いかがでしょう。部分的には情報が入ったのですが、全体像をイメージするのは難しいのではないでしょうか。聞いた人によっても、受け止め方に差が出てしまうかもしれません。

では、別の部下が次のグラフを持ってきたらどうでしょう。

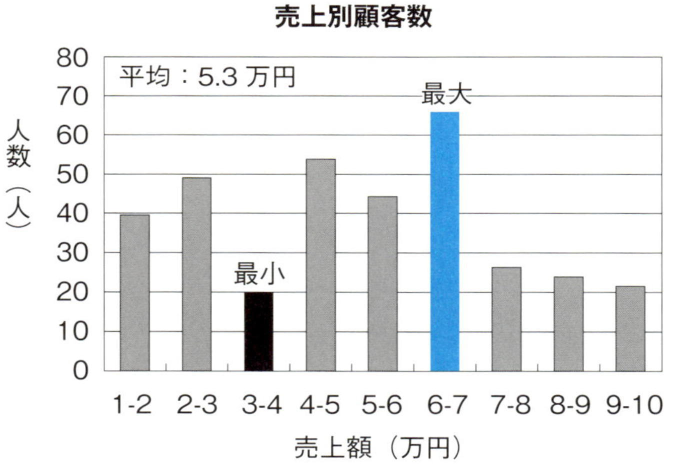

じつは、この2人の部下が元にした情報（データ）はまったく同じものです。しかし、その使い方の違いで、相手に伝わる情報の質が圧倒的に違ってくるのです。

グラフを使えば、「6万円台の顧客数は、3万円台と比べても3倍近くある」といったことも感覚的につかめます。

また、「大きい」とか「小さい」という主観的な言葉の示すところも、グラフの高さを見せれば、聞く人による違いや、誤解を生むリスクを格段に減らして伝えることができます。

さらに、各売上高ごとのピンポイントでの人数だけでなく、売上額の散らばり具合にも目がいき、全体の様子を大局的につかめます。

数字そのものは、銃の弾に他なりません。しかし、それを効果的に撃つための道具や方法を知れば、とてつもない武器になるのです。ビジネスで本当にパフォーマンスを発揮する人、それなりのポジションについている人は、皆これらの武器を上手に扱っています。

まずはこれがわかれば十分

では、「統計」を実務で効果的に使うためには、どこまでの手法をマスターする必要があるのでしょうか。

以下の図は、よく使われる手法を、相対的な難易度順、そして「**データ分析**」および「**データ把握・データを読む**」というカテゴリーに分けて整理したものです。

代表的な統計手法

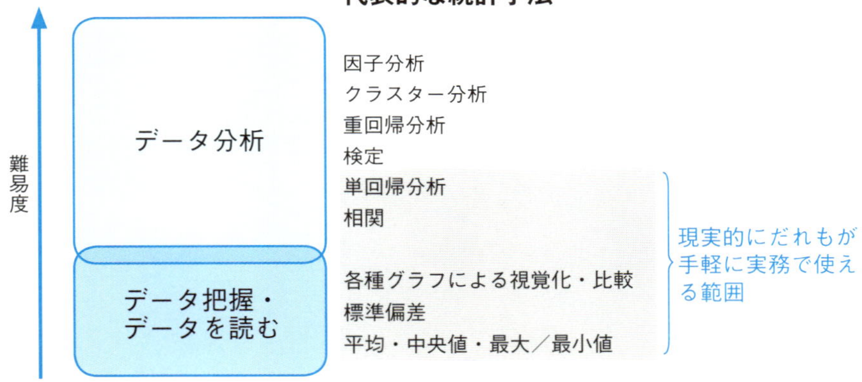

「データ把握・データを読む」とは、単に数字の羅列にすぎないデータの特徴を、より簡潔に示すことで、理解や把握をしやすくすることです。これにより、結果を他人とも正確かつ効率的に共有できます。

一方、「データ分析」とは、決してデータを眺めているだけでは見えてこない“裏の”情報を掘り出すことです。「データ把握・データを読む」が単独のデータを扱うことに比べ、複数の種類のデータの間の関係などに着目し、そこから何かしらの意味を見出すためのものです。

本書では、この中でも“すぐに使える”ものとして、平均値など標準的な統計指標、標準偏差、グラフによる視覚化、相関、単回帰分析までを、効果的に使えるように解説していきます。

■大手メーカーのマネージャ62人にアンケートしてわかった「現場で必要な統計知識」とは

そうは言っても、「本当にそれだけで十分なの？」という疑問や不安を感じるかもしれません。本書で紹介する手法を日常的に多用している私も、「他の現場では、どんな手法が日常的に使われているのだろうか」とずっと疑問に思っていました。

そこで、私は複数の大手メーカーのマネージャクラスの方62人にアンケート調査してみました。

質問は「あなたが業務上通常使うツールに○を付けてください」というもので、次ページのグラフの通り、10の選択肢から選んでもらいました。

メーカーとはいえ、技術系、非技術系も半々に分かれており、マネージャというある程度以上の業務経験を持った人を対象にしました。そのため、100％非技術系の職場や、非管理職の若手も含めたケースよりも、統計の活用度が相対的に高めに出ていると想定されますし、必ずしも十二分なサンプル数での検証とはいえませんが、1つの目安になると思います*(技術系と非技術系の差は、第7章で紹介しますのでお楽しみに)。

＊ 「サンプル数がどれくらいあれば良いか」は、前提とする許容誤差や母集団の大きさなど、ケースにより異なります。ただ、目安となる公式はあります（以下のURLを参照）。

http://www.pref.saitama.lg.jp/site/toukeifaq/q1-8.html

この公式を前提とし、もし許容誤差を13%とすれば、今回の62サンプルでも標本調査のサンプルとして成立することがわかります（今回は世論調査ではなく、ビジネスパーソンの範囲なので、許容誤差の精度はもっと良いと考えられます）。
その他、日常実務でデータを分析する際の一般的な経験知として、「最低30以上」といった“合言葉”のようなものはあります。

業務上「通常」使う手法

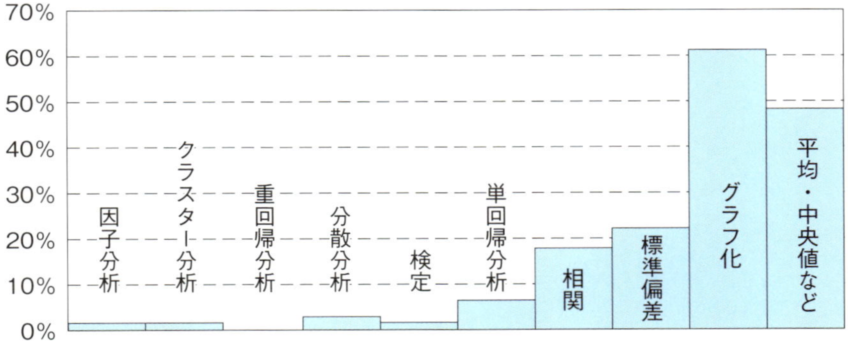

その結果、通常使うものとして5人中1人以上が挙げたのは、「平均や中央値などの標準的な指標、棒グラフや折れ線グラフなどのグラフ化、標準偏差」でした。

そして、「業務上、今の範囲で事足りていると感じているか」という質問に対しては、85%の人がYESと回答しています。

その背景として「本当はもっと高度なことができるかもしれないけど、その人が知らないだけで、現状に満足している」という状況があることも考えられます。ただ、上記のツールで業務上事足りていると当事者が感じている事実は否めません。

もう1つの特徴として、使われる比率が高いものは、「手元のExcelで簡単に答えが出せるもの」ばかりでした。具体的には、平均から相関までは、ほとんど新たな操作を覚えなくても、「いつも使っている」Excelで瞬時に答えを導くことができます。

このように、ビジネスの実務で役に立つかどうかは、「難しい手法かどうか」より「簡単であってもうまく使えるか」に左右されるところが大きいのです。この「よく使う」部分をしっかり磨き、さらにちょっと上の単回帰分析まで使いこなせるようになれば、課長レベルの人が実務で扱う以上のスキル範囲をカバーできるわけです。

コラム 高度な統計手法が必ずしも使われない5つの理由

私は次の５つの理由が関係していると考えています。

（1）専門知識や専門アプリケーションを必要とする

「難しそう」と思い込んでいたり、専用のアプリケーションが必要なので、あえて手を出さないケースです。つまり「使い始めるまでのハードル（コスト）が高い」と感じているために敬遠されるのです。

（2）必要とされる精度に対してコストが大きい（知識習得／熟練／専門アプリ／分析時間など）

「ちょっと調べて、今すぐ知りたい」という状況はよくあります。せっかく時間やお金をかけて立派な答えを出しても、「そのときには時すでに遅し」となっては本末転倒です。コスト対メリットの観点から、コストの大きい手段は必然的にカットされる宿命にあります。

（3）伝える相手に納得してもらいにくい

自分では自信満々で統計手法を駆使して企画したのに、相手はなんだか不満げだったり、ポカンとしたり。そのような場合

「結論はいいけど、なぜそこに至ったのかわからない」

と受け手が感じている可能性が高いのです。そんな状況で「YESかNOか」を迫られても、説得力がないだけに、だれでも答えに困ってしまいますよね。

皮肉なことに、高度な手法であるほど、相手の受け入れ度合いが下がりがちです。結果的に「いかに簡単な手法で、効果的に伝えるか」が勝負の分かれ目になるのです。

（4）統計を使う心理的負担のハードルが高い（「めんどくさい」という心理）

“統計”という言葉に抵抗があったり、「そんな面倒くさいことをやるよりも、自分の経験で語ってしまおう」というアプローチを取る人は少なくありません。

（5）高度であるほど汎用性が下がる

「これだけわかればよい」と、最初から知りたいポイントがはっきりしていることは、ビジネスの現場ではほとんどありません。むしろ、知りたい情報そのものがどんどん変化したり、アプローチがすぐに思い浮かばず、

「今度は他社と比べてみよう」
「今度は棒グラフで視覚化してみよう」

など、あの手この手でこねくり回した挙句、やっと結論にたどり着くケースのほうが圧倒的多数です。

私は、一般的に、「精度や結果の質の高さ」と「さまざまなケースに適用できる汎用性」はトレードオフの関係にあると感じています。

たとえば、「平均値を出す」（これも立派な統計手法の1つです）のは、得られる情報量は少ないものの、ほとんどのケースで使えます。一方、たとえば「重回帰分析」という手法を使えば、優れた結果を得られるものの、それが適用できるケースまたは適用して意味があるケースは限られます。

繰り返しになりますが、これらの困難を克服して、高度な統計手法を使えなくても「統計を使えない」ことにはなりません。「使える統

計」と「使わなくてもいい統計」を選別すればいいだけなのですから。

もちろん、この入門編の次に、より高度な統計手法を体得するのは良いことだと思います。武器は多いに越したことはありませんから。でも使わない（使う頻度が低い）武器をたくさんそろえた結果、宝の持ち腐れにならないように注意してください。

CHAPTER 2

第2章

"平均"に隠れた有望な市場とは？

平均・中央値・最大／最小値・標準偏差・ヒストグラム・散布図

大量のデータをシンプルにまとめる2つの視点

もし、表のような100店舗分の来店者数のデータがあったとします。

店舗別来店者数（9月25日）

店舗番号	来店者数	店舗番号	来店者数	店舗番号	来店者数	店舗番号	来店者数	店舗番号	来店者数
1	55	21	10	41	15	61	14	81	58
2	47	22	41	42	83	62	8	82	34
3	53	23	77	43	81	63	78	83	77
4	64	24	13	44	5	64	14	84	82
5	69	25	21	45	83	65	92	85	27
6	68	26	89	46	76	66	74	86	78
7	58	27	68	47	58	67	58	87	32
8	41	28	48	48	87	68	71	88	13
9	34	29	76	49	10	69	92	89	71
10	50	30	36	50	60	70	11	90	96
11	50	31	83	51	39	71	89	91	14
12	21	32	64	52	92	72	81	92	44
13	33	33	9	53	64	73	26	93	87
14	85	34	29	54	54	74	64	94	24
15	79	35	94	55	13	75	35	95	27
16	24	36	95	56	83	76	68	96	50
17	79	37	17	57	89	77	51	97	32
18	37	38	96	58	13	78	32	98	40
19	38	39	11	59	8	79	69	99	60
20	74	40	97	60	25	80	52	100	53

店舗全体の情況、問題となっている店舗など、１人で数店舗を直接見ただけではとても伺いしれないビジネスチャンスやヒントが隠されていそうに見えるかもしれません。しかし、データにはあまりに多くの情報が含まれています。日々集めて眺めていても「昨日の来店者数は多かったのか、少なかったのか」すらわからないでしょう。

そのような問題を解決するのに有効なのが、データをシンプルにまとめるために「要約」することです。

たとえばこの来店者数の特徴をいくつかの指標に要約すれば、その結果をシンプルに比較して評価することも容易です。

統計による要約には2つの視点が必要です。
1つ目は「**大きさ**」。先の表でいえば

「店舗1の来店者数は55人」
「XX地域の平均来店者数は64人」

などが相当します。
しかし、たとえば

「ほとんどの店舗で50人前後の来店者数である」
「店ごとにバラバラ」

の2つの場合を比べるときは、「大きさ」を示す平均は近かったとしても、意味合いがまったく変わってきますよね。そうした散らばりを把握するためのもう1つの視点が「**バラツキ**」です。

■バラツキをなくして大きさに注目する～平均

「大きさ」を要約して示すのに有効な手段の1つが「**平均**」です。文字通り、「もともとバラバラだった個々の値の大きさを、平らに均（なら）すとどの大きさになるか」という意味です。これを視覚的イメージで見ると、次の図のようになります。

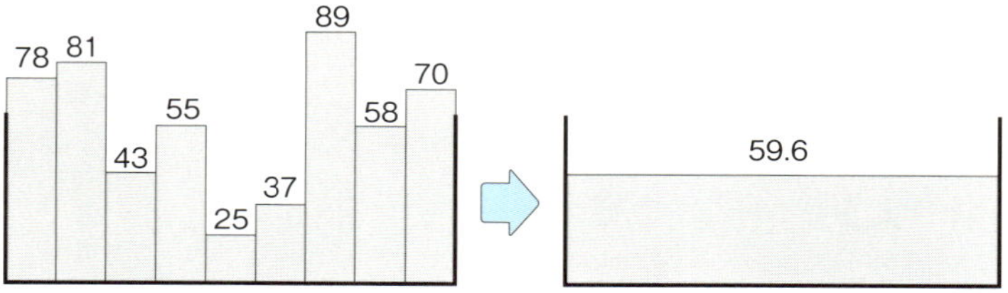

左の図は、色々な高さ（大きさ）の棒（データ）です。これらの棒（ロウソクをイメージしてください）を溶かすと、その容器の中で、一定の高さに落ち着きますよね。この高さが「平均」です。バラバラだった元のデータを「平らに均す」ことで、全体を1つの数値に置き換えているのです。

冒頭の来店者数の例では、平均52.5人/日となります。バラバラの数字の羅列に比べれば、全体の大きさを“ざっくり”つかむのに便利ですね。

また、これに店舗数（100店舗）をかければ

「全店舗における昨日の来客数は合計5250人」

という数字も簡単にはじき出せます。ビジネス全体を見る人は、これに客単価をかければ、総売上額をざっくり想定することもできます。ビジネスの実務においては特に、この「ざっくり感」そして「計算のしやすさ」は強力な武器になります。

コラム Excelで平均を出すには

平均は、データの合計をデータの数で割れば良いので、データの数によっては手計算や電卓でも出せます。ただ、データの数が多かったり、すでにExcelに収められたデータを扱うのであれば、Excelで計算するといいでしょう。

平均値は関数 **AVERAGE** を使うとすぐに求められます。

冒頭の来店者数のケースにAVERAGEを使った例が次の図です。

	A	B	C	D	E
1					
2	55	10	15	14	58
3	47	41	83	8	34
4	53	77	81	78	77
5	64	13	5	14	82
6	69	21	83	92	27
7	68	89	76	74	78
8	58	68	58	58	32
9	41	48	87	71	13
10	34	76	10	92	71
11	50	36	60	11	96
12	50	83	39	89	14
13	21	64	92	81	44
14	33	9	64	26	87
15	85	29	54	64	24
16	79	94	13	35	27
17	24	95	83	68	50
18	79	17	89	51	32
19	37	96	13	32	40
20	38	11	8	69	60
21	74	97	25	52	53
22				=AVERAGE(A2:E21)	

この場合、店舗番号がそれぞれのデータの間に挟まっているので、これらを除いた範囲を指定する必要があることに注意してください。

極端なデータの影響を避けて真ん中だけに注目する　～中央値

一方、平均値はすべてのデータを元に算出するため、「もしデータの中に、何かしらの理由によって極端に大きい（または小さい）データがあると、その影響を受けてしまう」という弱点があります。

そこで登場するのが**中央値**です。中央値とは「データを小さい順（大きい順でもかまいません）に並べたときに、ちょうど真ん中に来る値」です。たとえば次の5つの数字（データ）があるとします。

3, 9, 2, 6, 5

これを小さい順に並べ替えると以下になりますが、真ん中には「5」がありますね。

2, 3, 5, 6, 9

これがこのケースの中央値です（偶数個のデータの場合、中央をはさむ2つの数値の平均を取ります）。

中央値は、個々のデータの大きさに関わらず、真ん中を取るため、極端な大きさのデータの影響を受けません。たとえば、先の例で一番大きな「9」の代わりに「100000」を入れるとどうなるでしょうか。

2, 3, 5, 6, 100000

この場合も中央値は「5」に変わりがありません（ただし「100000」という大きなデータがあった事実は無視されてしまいます）。

冒頭の来店者数の例では、中央値は53.5人／日となります。このケースでは、平均(52.5人)との差は1人だけで、両者に大きな差はありません。これは、平均を中心に左右対称に近い（偏りの少ない）形でデータが散らばっているためです。

ただ、もしいずれかの店舗で、特売キャンペーンなど特別な（通常は無視すべき）理由で来客が200人、300人とあった場合、平均への影響は無視できなくなるかもしれません。そのような時に中央値を見る意味が出てきます。

平均と同じく、中央値も、1つの数値で端的に表して、全体の大きさの特徴をざっくり把握するための指標です。

コラム Excelで中央値を計算するには

データの数が増えると、その中から中央値を自分で見つけるのはとても難しくなります。でもExcelの関数である**MEDIAN**を使えば、元のデータがいくつあろうと、すぐに中央値を表示してくれます。

冒頭の来店者数のケースにMEDIANを使った例が次の図です。平均のところでも触れたように、データが存在するところだけを範囲指定することに注意してください。

	A	B	C	D	E
1					
2	55	10	15	14	58
3	47	41	83	8	34
4	53	77	81	78	77
5	64	13	5	14	82
6	69	21	83	92	27
7	68	89	76	74	78
8	58	68	58	58	32
9	41	48	87	71	13
10	34	76	10	92	71
11	50	36	60	11	96
12	50	83	39	89	14
13	21	64	92	81	44
14	33	9	64	26	87
15	85	29	54	64	24
16	79	94	13	35	27
17	24	95	83	68	50
18	79	17	89	51	32
19	37	96	13	32	40
20	38	11	8	69	60
21	74	97	25	52	53
22			=MEDIAN(A2:E21)		

無理に人力でやろうとするとミスも生じやすいため、私はデータの数に関わらず、最初からMEDIAN関数に頼ることにしています。こうすれば、後からデータが変更／追加されても、関数の範囲を変更するだけで、やり直す必要もありません。

データがどれぐらいの範囲に収まっているかをおさえる　～最大／最小値

平均値も中央値は、全体の大きさをざっくり捉えることができる便利な指標です。しかし、たとえば

「現在の店舗スペースや接客要員の数が店舗間で最適化されているのか」

などを知りたい場合には、少なくとも

「1店舗あたり最大でどのくらいの来店者数なのか」
「最も少ないケースはどのくらいなのか」

という情報が欠かせません。このように、「元のデータがどのくらいの範囲に収まっているのか」を知りたい場合には、平均や中央値では役に立ちません。

そこで登場するのが、**最大値／最小値**です。名前の通り、データの集まりの中で最も大きな、もしくは小さな数値のことです。それぞれ単独では、全体の「大きさ」や「バラツキ」を表すには不十分なものの、「データが存在する範囲」を示す境界線として、極端な値の有無を知るために役立つのが特徴です。

たとえば、今月の売上が芳しくなく、100万円であった場合、「今月は100万円になりそうだ。良くないなあ」という主観的な感想を述べても、それを客観的に評価することはできません。「100万円」という大きさの意味を客観的に捉えるためには

・昨年度の平均売上
・昨年度売上の中央値

など、比べる指標が必要です。ただ、すでに売上が落ちていることがわかっている状況では、平均や中央値と比べたところで、それらを下回っているであろうことは容易に想定でき、特別有意義なものは得られません。

では、もし昨年度売上の最小値が95万円だとしたらどうでしょうか。

「昨年度売上の最小値である95万円は下回っていない」

と示すことができれば、その深刻度を評価する有用な情報の1つとなりますよね。

また、以下のようなケースでは、データの大きさを評価する際に平均値や中央値だけを見ていると致命的なリスクを負ってしまいます。

・工業製品の品質（出力される電力など）を評価する際、数万件のうち1件の突出した異常値がユーザーに致命的な被害をもたらすような場合
・ある地域全体では環境汚染の度合いが平均的に低い値ではあるものの、一定の限られたポイントだけは異常に高いような場合

このような場合、最大値や最小値がこのリスクを救うカギになることがあるのです。

ほかにも、「**最大値―最小値**」を計算すれば、データが存在する「範囲」の大きさを示すことができます。たとえば、2011年の東京の1日の最高気温（℃）は、次のようになっていました。

	最大値	最小値	気温範囲
1月	12.2	5.9	6.3（＝12.2－5.9）
8月	35.2	20.9	14.3（＝35.2－20.9）

この「気温範囲」は、最大値から最小値を引いたもので、その月に変動した最高気温の幅を示しています。こうみると、「8月が1月に比べて気温の変化が倍以上激しかった」ことがわかります。

ちなみに、これより1年前の2010年の8月の変動幅は7.4度だったので、それと比較しても「2011年の8月の変動が大きい」と評価できます。

コラム　Excelで最大値／最小値を求めるには

最大値／最小値はExcelの**MAX**／**MIN**関数で求めることができます。冒頭の来店者数のケースにMAX／MIN関数を使った例が次の図です。

	A	B	C	D	E
1					
2	55	10	15	14	58
3	47	41	83	8	34
4	53	77	81	78	77
5	64	13	5	14	82
6	69	21	83	92	27
7	68	89	76	74	78
8	58	68	58	58	32
9	41	48	87	71	13
10	34	76	10	92	71
11	50	36	60	11	96
12	50	83	39	89	14
13	21	64	92	81	44
14	33	9	64	26	87
15	85	29	54	64	24
16	79	94	13	35	27
17	24	95	83	68	50
18	79	17	89	51	32
19	37	96	13	32	40
20	38	11	8	69	60
21	74	97	25	52	53
22		MAX	97	MIN	=MIN(A2:E21)

冒頭の来店者数のケースでは、最大値と最小値の差は92で、店舗間で最大92人もの開きがあったことが示せます。

ただしこの場合、

「最小値（最大値）が何らかの理由で極端に他のデータより小さく（大きく）、元のデータとして扱うべきかどうか」

を確認しておくことは必要です。たとえば、たまたまある店舗だけ、その日の開店時間が短く、通常ではありえない来店者数であれば、そのデータを使うべきかどうかを判断する必要があります。

ちなみに、後に紹介するヒストグラムを使っても、このような極端なデータの有無はすぐに特定できます。

指標が招く3つの落とし穴

1つの数値で表現でき、便利な指標である平均値、中央値、最大／最小値にも、それぞれ陥りやすい落とし穴（リスク）があります。

・（1）"平均"に隠れた有望な市場とは？

“平均”と聞くと「平均周辺に集中している（起こりやすい）」という錯覚を抱きがちです（左の図のイメージ）。でも、それは必ずしも正しい認識ではありません。極端なケースでは、20人のクラスで、0点が10人、100点が10人いれば、その平均点は50点ですが、50点をとった人が1人もいない場合もあります（右の図のイメージ）。

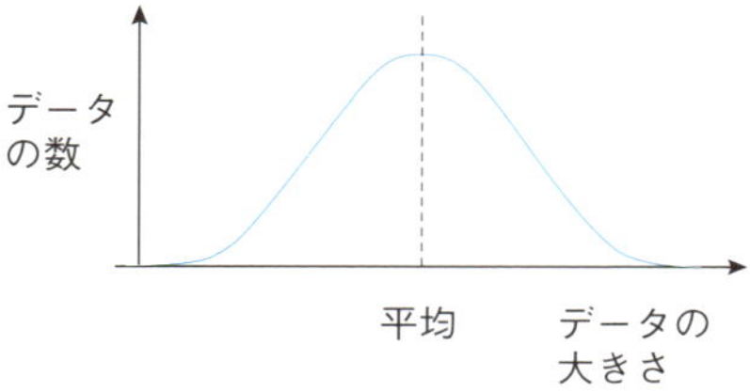

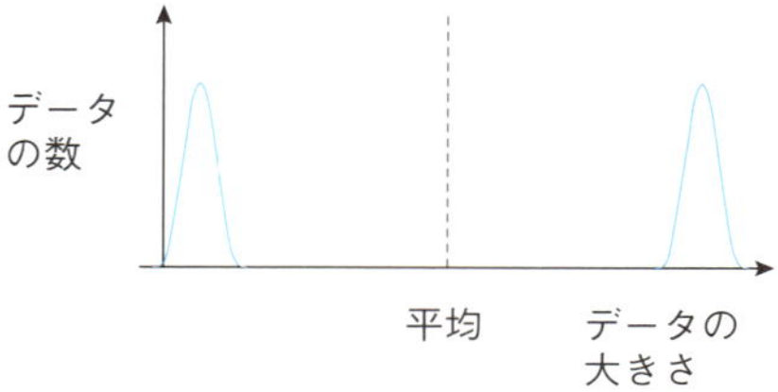

この図を見てもわかるように、平均はデータの「バラツキ」をまったく考慮しません。

仮に今、あなたが、新興国市場であるアフガニスタンへの参入計画を立てる立場にいるとしましょう。その市場のことをほとんど知らなければ

「どんな人口構成なのか」
「平均収入はどのくらいなのか」

など、その国の情報を収集することから始めるはずです。これらの情報を活用し、ターゲットとする顧客層を特定することがマーケティング上重要だからです。特定の年齢や所得の顧客層に狙いを定め、最適な商品を投入

することで、売上と収益を最大化する必要があります。

さまざまなデータを入手した結果、「この国の平均寿命は43.8歳である」とわかったとします。それを元に

「多くの方が44歳前後で亡くなるので、50歳以上のシニア向け商品は難しい」

と判断して良いでしょうか？

事実、国連の情報によれば、2008年のアフガニスタンの平均寿命は43.8歳だそうです。これを聞くと、いかにも43.8歳前後の人間が最も多く死亡していそうですよね。でも、本当に43.8歳前後の人がバッタバッタと亡くなっているのでしょうか？

気にすべきは

「平均から乖離した（つまり、とても若いもしくは高齢の）死亡者の分布はどうなっているか」

です。そこで、ユニセフのページにある5歳までの子供の死亡率を調べると、同国の2009年のデータとして、1000人中199人というデータが見つかりました。つまり、約20％の人は5歳未満で亡くなっており、これが全体の平均寿命を引き下げていると考えられます。

計算のために、この「5歳未満」をまとめて2.5歳とすると、全体の平均値が43.8歳となるためには、残りの80％の人の平均寿命は約54歳でなければなりません。平均が54歳ということは、（一部極端に長寿な人が平均を引き上げていない限り）、50歳以上の人口割合がそれなりにあると考えることが妥当です。

実際には、年齢別の人口分布を見ることにより、より正確に事実を把握できます。しかし、最初の平均を見た時点で思考停止してしまい、ここまで意識が回らないまま判断してしまうケースも少なくないでしょう。この

ような平均の特徴や限界を知っていれば、そのトラップを避けることができるのです。

このことからも、平均値は全体の「大きさ」の指標の1つにはなるものの、特に偏った「バラツキ」を持つデータに使うときには注意が必要といえますね。

ちなみに日本の場合、5歳未満の死亡率は1000人中3人（2009年）なので、アフガニスタンとは違う分布になっており、同じように考えることは難しいかもしれません。

・(2) アンケートの平均点は低いのに、優秀な販売店舗とは？

「来店者に聞いたアンケートで、半分以上の回答が90点以上だった」

と聞いたら、その店舗をどう評価しますか？　きっと、優秀な店舗だと思われるでしょう。では

「アンケートの平均点は100点中55点だった」

と聞いたら、どうですか？　少なくとも「優秀な店舗」とは思わないでしょう。

でも、じつはこの２つの評価、まったく同じアンケートの結果から導き出されたものだったらどうでしょうか？

少し極端な例ですが、次のページの図を見てください。

アンケート結果（点）	
5	90
10	5
5	5
5	5
0	90
5	95
80	95
90	100
95	100
100	95
100	90
0	90
5	90
5	90
5	90

点数ごとのアンケート数

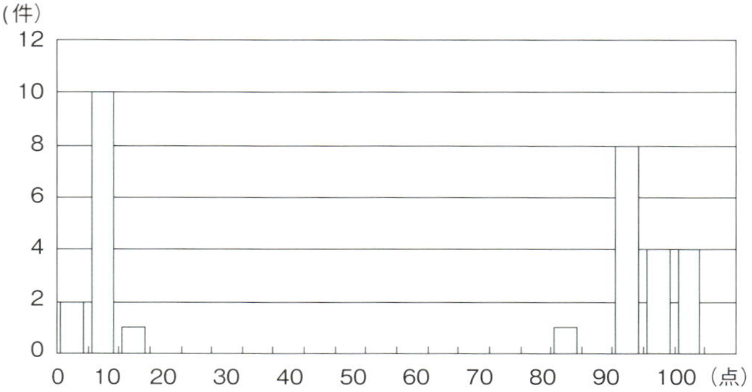

この結果の中央値は90点なので、半分以上の結果が90点以上であったことがわかります。一方、平均値は55点です。

計算上、なんらまちがったことはありません。しかし、このようにデータが偏って分布している場合、どの指標を使うかによって、その印象や結論にギャップが生じるのです。その結果、平均値や中央値といった1つの指標だけを聞かされた人をミスリードするリスクがあります。このケースでは

「一部のセールスマンが非常に対応がよく、高得点を取っているものの、その他は極めて悪い」

「2つの顧客層の違い（男女など）により、大きく評価が分かれた」

といった背景があったかもしれません。しかし、中央値だけをみれば「優秀な店舗」となり、平均だけをみれば「決して優秀とはいえない店舗」と評価が分かれてしまうのです。

・(3) 偶然の１回が“普通”に変わるマジック

先に最大値、最小値のところで触れた、東京の最高気温を思い出してください。たとえば

「昨日、気温が急に下がったが、昨年同時期の最小値のほうがもっと低かった」

というコメントがあったとします。

この文章は、純粋に事実だけを述べており、何ら結論を出してはいません。ところが人によっては

「なので、下がったとしても大したことはない」

というメッセージとして受け取ってしまう可能性もあります。もし、昨年同時期に、たまたま極端に気温が低い日が1日だけあって、それが最小値として記録されていたとすれば、それとの比較結果を安易に評価することは適切ではありません。

同じような例は他にもたくさんあります。

2011年3月11日の東日本大震災の後、関東各地で放射線量の測定、発表が相次いでいます。この測定結果（データ）をどう評価するかは、難しい議論を要するところではあります。にもかかわらず、自治体によっては、次のような評価コメントが添えられている場合がありました。

「測定結果は、事故前である昨年度の最大値を下回っており、問題があるレベルではありません」

ここで見落とされているのは、その最大値の意味です。仮に365日中1日だけ、何らかの理由により極端に大きな値が出たとすれば、それを下回っていることがそのまま「問題なし」となる図式は、あまりに短絡的です。

このように、平均値、中央値、最大／最小値は多くのデータを簡便に要約して示してくれる指標である一方、盲目的に使うと陥りやすいリスクがあるのです。

標準偏差で数値化する

では、平均値、中央値、最大／最小値のリスクを回避するにはどうすればいいのでしょうか？

そもそもなぜリスクが生じるのかを考えると、データ要約のもう1つの視点である「バラツキ」が見えないのが原因であることがほとんどです。ということは、「バラツキ」を確認できれば、そのリスクを大幅に軽減できるはずです。

この「バラツキ」を表す主な手段として、次の3つが挙げられます。

（1）標準偏差で数値化する
（2）ヒストグラムで視覚化する
（3）散布図で可視化する

まずは標準偏差から見ていきましょう。標準偏差は「その値が大きいほど、データのバラツキが大きい」ことを示す指標です。元のデータをすべて並べて可視化しなくとも、そのバラツキの大きさをざっくりつかめるのがメリットです。

では「バラツキが大きい」とは具体的にどういうことでしょうか。次の2つの図は、あるクラス内でのテストの点数結果をグラフ化したものですが

・左の図（低い点から高い点まで、幅広く、結果が散らばっている状態）
⇒バラツキが大きい

・右の図（ある狭い範囲に、結果が集中している状態）
⇒バラツキが小さい

となります。この場合、左のほうが右よりも、大きな標準偏差が得られます。

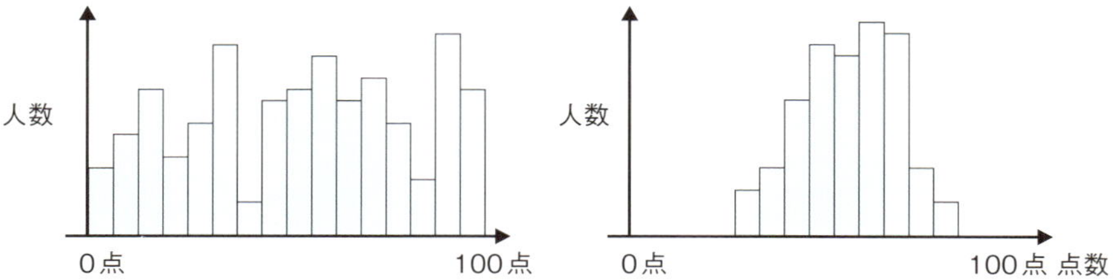

極端な例として、本章の冒頭の来店者数のデータで、どの店舗もまったく同じ来店者数だった場合は、「バラツキ」がないため、標準偏差もゼロになります。

・標準偏差の問題点

ところが、標準偏差を直接実務で使おうとすると、少々やっかいなこともあります。「標準偏差の値そのもの（絶対値）を評価し、何かに活用することが難しい」のです。これが、最初に「ざっくりと」と表現した理由です。

たとえば同じようなほかのデータ（たとえば、同店舗の1か月前のデータ）と比較したときに

「昨日のデータの標準偏差が27.7で、1ヶ月前は12だった」

ということであれば「バラツキが倍以上に増えたのだな」と両者の比較に使うことはできます。しかし、たとえば冒頭の来店者数のケースの、「標準偏差＝27.7」そのものから

「平均近くのデータが多い」

「両端に偏っている」

といった特徴を具体的に把握したり、何かの計算に直接つなげたりはしにくいのです。

では「標準偏差の値そのものにまったく意味がないのか」というと、必ずしもそうではありません。仮に、元のデータのバラツキが、平均値を中心として左右対称の釣鐘型（これを「**正規分布**」といいます）だと仮定できれば、

「平均値±標準偏差の範囲に約2/3のデータが収まっている」

といえます。しかし、完璧な正規分布を示すデータを実務で扱うことはほとんどないため、これもあくまで“1つの目安”にしていただく程度がいいでしょう。

・標準偏差を実務で使いこなすには

このような特徴をふまえ、私は以下のように標準偏差を活用しています。

【STEP1】平均値を出す。

例：顧客満足アンケートの結果、平均は10点満点中8.2点でした。

【STEP2】標準偏差を出す。

例：平均8.2点に対し、標準偏差は0.8点でした。

【STEP3】前回と比較する。

例：前回の平均は7.8点で、標準偏差は1.5点でした。

こうすることで

「前回と比べ、平均点が上がっただけではなく、バラツキも減った」
（＝良い評価の人と悪い評価の人の差が縮小された）

という結論が出せますし、さらにそこから

「顧客サービスの質や内容が全体として向上し、トレーニングを徹底することなどで従業員による質のバラツキも減らせたのだろう」

という背景を考えることもできます。

また、このテスト結果が、平均を中心に正規分布に近いものだと想定すれば

「8.2 ± 0.8の間（7.4点から9.0点）に約2/3の人が収まっている」

ことも定量的にイメージしやすくなります。

コラム　Excelで標準偏差を算出するには

標準偏差を算出するには、平方根を含むやや複雑な公式が必要です。しかし、実務ではExcelの関数**STDEV**を使えば、次のように簡単に求めることができます（もう1つ、STDEVPという関数もありますが、厳密な違いはここでは割愛します）。

【STEP 1】データがある範囲外のセルを1つ選び、「=STDEV(」と入力します。

【STEP 2】（左クリックをしながら）データがある範囲を選ぶと、その範囲が関数の後に表示されます。

【STEP 3】)をつけてENTERを押すと、セル内に標準偏差が表示されます。

冒頭の来店者数のデータを使うと、27.7という標準偏差が求められます。

55	10	15	14	58
47	41	83	8	34
53	77	81	78	77
64	13	5	14	82
69	21	83	92	27
68	89	76	74	78
58	68	58	58	32
41	48	87	71	13
34	76	10	92	71
50	36	60	11	96
50	83	39	89	14
21	64	92	81	44
33	9	64	26	87
85	29	54	64	24
79	94	13	35	27
24	95	83	68	50
79	17	89	51	32
37	96	13	32	40
38	11	8	69	60
74	97	25	52	53
標準偏差	27.7	=STDEV(A2:E21)		

■ヒストグラムで視覚化する

平均値や中央値と同様、標準偏差は簡易に数値化できる反面、データの全体像を捉えるためには十分とはいえません。同じ標準偏差の値であっても、そのバラツキ（散らばり方）にはさまざまなパターンがあるからです。

では「大きさ」も把握でき、「バラツキ」も見るにはどうしたら良いのでしょうか？

その答えが**ヒストグラム**です。ヒストグラムとは

「どの大きさのデータ（横軸）がどのくらい（縦軸）存在しているのか」

を視覚的に捉えるものです。通常、横軸と縦軸は以下になります。

・横軸を大きさ（通常、一定の幅ごとに区切ります）
・縦軸をデータの数（「度数」や「頻度」といいます）

次ページの図は、冒頭の来店者数のデータを、ヒストグラムによって可視化したものです。

来店者数別店舗数

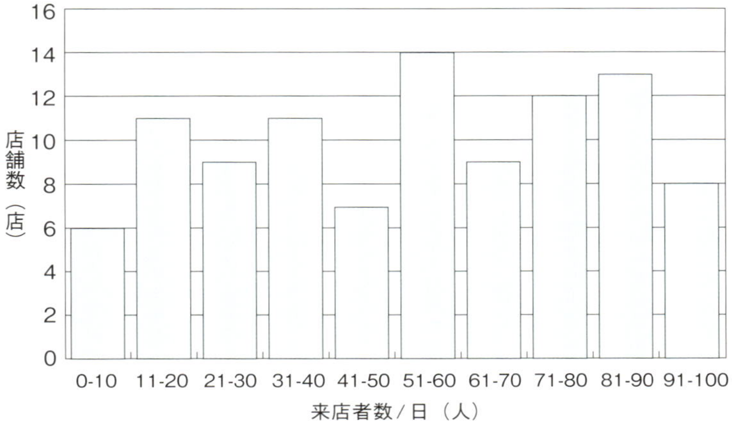

平均値や標準偏差のように1つの数値で簡便に示せるわけではありませんが「全体を包み隠さず見渡せる」という点で優れています。

「要約」手法の弱点は、ヒストグラムのような「**視覚化**」の手法で補うことができます。平均や標準偏差のように、数秒で答えが得られるツールに比べれば、多少手間がかかりますが、バラバラな数字の羅列であった元のデータと比較すると、以下のことが格段に明確になったと思いませんか？

・50人台の店舗が最も多い
・来店者数のバラツキは大きく、特定の人数区間が突出するような特徴は見られない
・最も来店者数の少ない10人以下の店舗も、全体の6%（100店舗中6店舗）であり、無視できる大きさではない

コラム Excelでヒストグラムを描くには

準備として、「ツール」—「アドイン」をクリックし、「アドイン」画面を表示させ、「有効なアドイン」の下の「分析ツール」にチェックを入れておいてください。

【STEP 1】データをどの大きさで区切るかを決めます。
（その区間ごとにデータ数をカウントすることになります。適切な区切りの数は目的にもよりますが、出来上がりの見やすさという観点から、私は全体を5～10に区切ることが多いです）
【STEP 2】Excelのどこかにその区間の境界値をインプットします。
【STEP 3】ツールバーにある「ツール」—「分析ツール」から、「ヒストグラム」を選択します。
【STEP 4】ヒストグラム選択画面の「入力範囲」欄にデータそのものの範囲を、「データ区間」欄に境界値をインプットした範囲を指定します（先のヒストグラムの例では、10人を区切りの単位としています）。

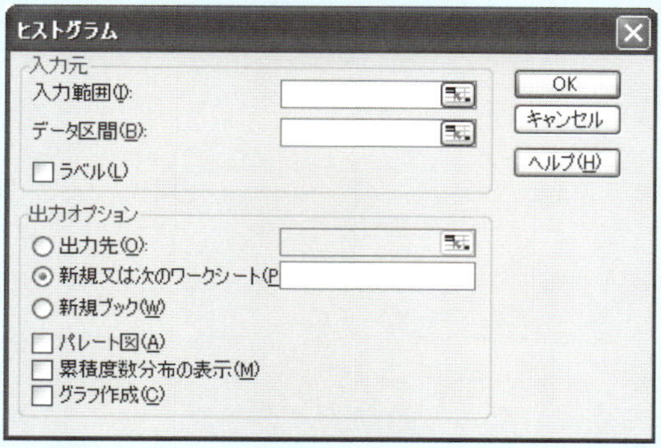

【STEP 5】指定した区間ごとのデータ数が「出力オプション」で指定した先に表示されるので、縦軸を「データ数」、横軸を「データ区間」とした棒グラフをExcelのグラフ機能を使って作成します。

散布図で視覚化する

「バラツキ」を捉えるのは、何も単独のデータでなければいけない理由はありません。

これまで見てきたデータは、「来店客数」のように、1つの事項に対するものでした。ところがヒストグラムのように、バラツキをそのデータ単独で見た場合に比べ、他のデータと合わせて見ると、新たな一面を発見できる可能性があります。

そのために使うのが**散布図**です。

たとえば、冒頭の来店者数のデータに、店舗ごとのその日の売上額を合わせてみましょう。

来店者数(人)	売上(万円)	来店者数	売上	来店者数	売上	来店者数	売上	来店者数	売上
55	32	10	2	15	6	14	8	58	42
47	12	41	19	83	51	8	6	34	40
53	20	77	42	81	43	78	59	77	56
64	28	13	3	5	1	14	19	82	50
69	30	21	5	83	29	92	56	27	10
68	28	89	58	76	38	74	42	78	64
58	17	68	51	58	33	58	40	32	30
41	23	48	39	87	60	71	53	13	9
34	5	76	38	10	3	92	51	71	39
50	42	36	20	60	35	11	9	96	47
50	29	83	29	39	29	89	56	14	2
21	38	64	35	92	67	81	48	44	37
33	48	9	8	64	51	26	31	87	67
85	53	29	18	54	44	64	39	24	20
79	50	94	39	13	4	35	38	27	15
24	40	95	55	83	50	68	43	50	35
79	44	17	15	89	53	51	40	32	42
37	19	96	47	13	8	32	27	40	19
38	29	11	23	8	5	69	56	60	26
74	37	97	62	25	12	52	53	53	50

生データのままでは、全体の特徴をつかむのがさらに難しくなってしまいました。

これを散布図にしたものが次の左側の図です。来店者数と売上の組み合わせが、点で示されていることがわかりますね。

来店者数のバラツキだけに着目した先のヒストグラムと見比べてみましょう。

散布図

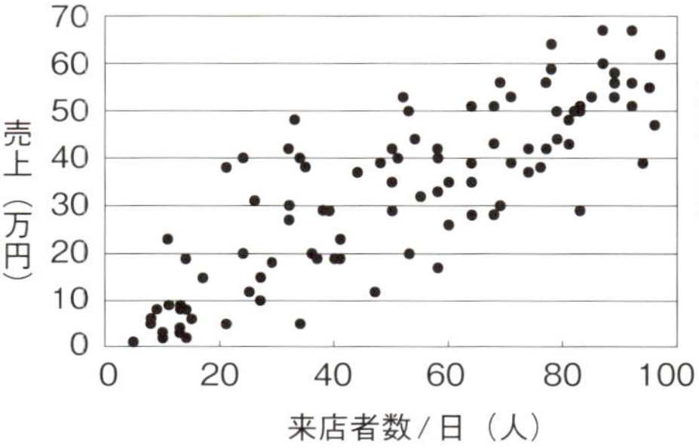

来店者数別店舗数

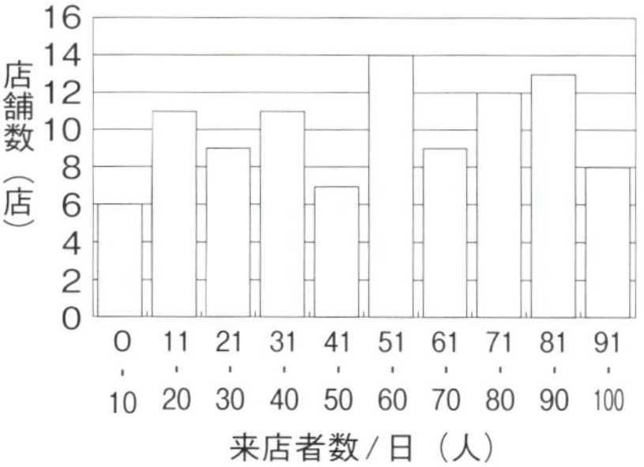

散布図から次のことが明確に伝わりやすくなりました。

・全体として来店者数が増えれば、売上も増えている
・来店者数および売上のバラツキは大きく、特定の来店者数や売上にデータが集中しているわけではない
・少ない来店者数で大きな売上、またはその逆の特徴を示すような特異な店舗は見られない

来店者数のバラツキは、散布図よりもヒストグラムのほうが把握しやすいことがわかりますね。たとえば

「50人台が最も多く、続いて80人台が多い」

ことが簡単にわかります。同じ情報は、散布図の点の密集度を縦方向に見ていってもわかるのですが、ヒストグラムほど直感的に把握するのは難しくなっています。

この点から、「散布図は、あくまで2つのデータの関係性に着目することを優先する場合に使うほうがいい」といえます。「関係性を数値化する方法」は第4章で紹介するのでお楽しみに。

コラム　Excelのグラフ機能で「散布図」を作るには

【STEP 1】ツールバーの「挿入」から「グラフ」を選びます。

【STEP 2】グラフウィザードの中の「散布図」を選択します。

【STEP 3】対象となる2種類のデータを並列に並べ、その範囲を指定します。

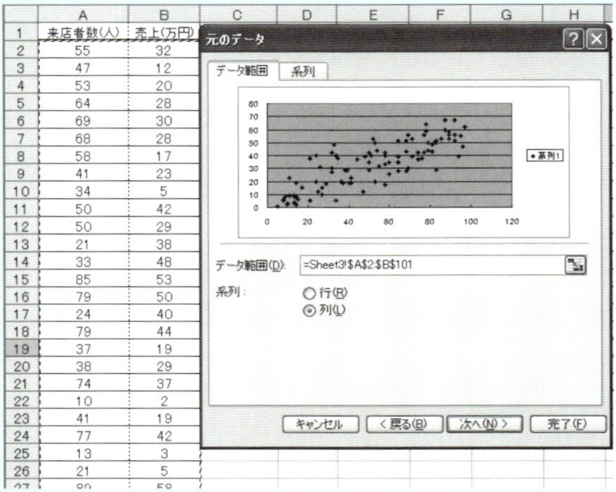

【STEP 4】縦軸や横軸のタイトルをインプットすれば、散布図が完成です。

本章で紹介した指標や手法のメリット・デメリット

ここまで見てきた指標や手法を使って、冒頭の来店者数のデータを要約したものが左の図です。右の図が元のデータですが、情報の伝わり方に大きな違いがあると思いませんか？

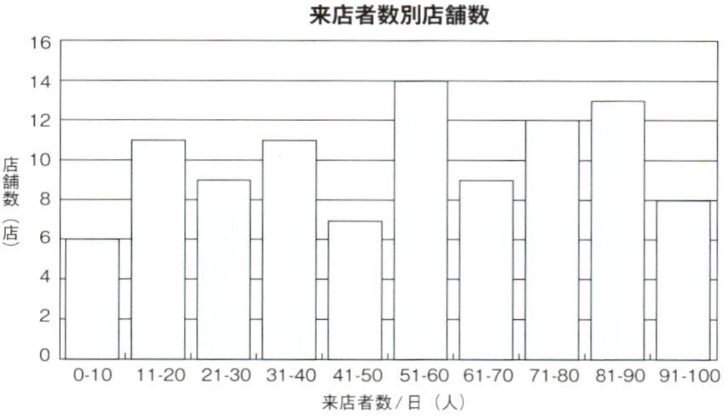

55	10	15	14	58
47	41	83	8	34
53	77	81	78	77
64	13	5	14	82
69	21	83	92	27
68	89	76	74	78
58	68	58	58	32
41	48	87	71	13
34	76	10	92	71
50	36	60	11	96
50	83	39	89	14
21	64	92	81	44
33	9	64	26	87
85	29	54	64	24
79	94	13	35	27
24	95	83	68	50
79	17	89	51	32
37	96	13	32	40
38	11	8	69	60
74	97	25	52	53

・平均値　⇒　52.5人／日
・中央値　⇒　53.5人／日
・最大値　⇒　97人／日
・最小値　⇒　5人／日
・標準偏差　⇒　27.7人／日（他のデータと比較するときに、特に有効）

次ページの図はこの章でご紹介した各指標や手法を「大きさ」「バラツキ」の2軸でまとめたものです。図の見方は以下のとおりです。

・軸の端に行くほど正確に表せる指標・手法であることを示す
・太い線で囲まれたものは「特にかんたんに使える」指標・手法を示す

たとえば中央値は、偏ったデータの影響を排除する分、「大きさ」を捉えるには平均に比べると精度が落ちます。散布図やヒストグラムは、「大きさ」と「バラツキ」両者の特徴をより網羅的に表すことができますが、平均値などに比べると手間がかかります。

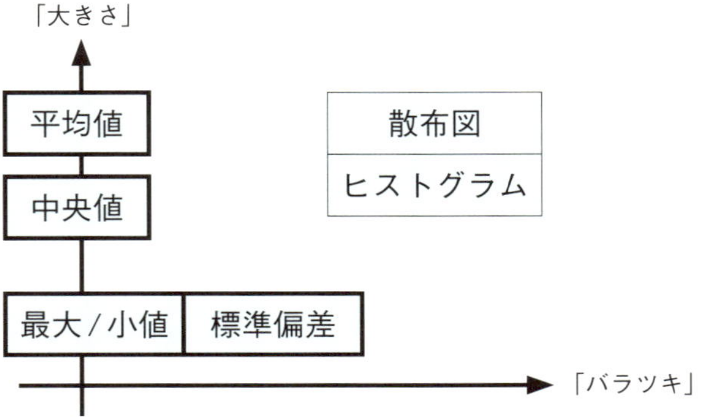

平均と中央値のメリット・デメリットを整理すると、次の表のようになります。

	メリット	デメリット
平均	・全体の「大きさ」を1つの数値で簡易に表現できる（必ずしも「真ん中の値」ではないので要注意） ・計算がしやすい（平均を出すのも、使うのも） ・認知度が高く、共有、理解してもらいやすい	・均してしまうため、元の個々のデータの「バラツキ」が見えなくなってしまう ・極端に大きい（小さい）データがあると、その影響を大きく受けてしまう（たとえば、ある店舗の平均顧客単価は、たまたまお店の商品を大量に購入したお客さんが1人いると、大きく吊り上がってしまう可能性がある）
中央値	・極端なデータの影響を受けず、真ん中（それより大きい特性のデータが半分、小さいデータも半分）の値を表現できる ・全体の大きさを、1つの数値で簡易に表現できる ・理解しやすく、共有しやすい	・平均に比べると、「大きさ」の特性を示す精度は落ちる（極端なデータの影響をそぎ落とすことの副作用） ・計算して算出できない（ただしExcelの「MEDIAN」関数で求められる） ・他の計算へ拡張しにくい（平均個数に単価をかけて総売上を計算するなど） ・平均値と同様、元のデータの「バラツキ」は見えなくなってしまう

では、どんなときに平均値ではなく中央値を使うと良いのでしょうか。

厳密なガイドラインはありませんが、元のデータに偏ったバラツキがある場合には中央値を使うと、平均値に比べて偏りに引きずられずに、特徴をとらえやすいケースが多いと思います。

よく使われる例は、国内の平均貯蓄額のデータです。総務省によると、平成22年の平均値は、“普通の人”が想定するものをはるかに超えた、1657万円だそうです。一部の大金持ちが平均を引き上げていることが要因です。これを

「世の中、みなさん1650万円くらい貯蓄してるみたいですよ」

と認識すると、計算としては合っているかもしれませんが、まちがったイメージを相手に与えてしまいます。しかし、中央値を見れば、995万円と、より“普通の人”の実感に近い値が得られるでしょう。

平均値や中央値を何となく機械的に出すのではなく、それぞれの特性を理解して、扱うデータにあわせて使い分けることが重要なことがわかります。

見る人の誤解を避けるために、私は、平均と中央値、両方とも表示することが多いです。平均と中央値に大きな隔たりがある場合には、元のデータに偏りがあると思われ、「データの偏りを見てみよう」というアクションにもつながります。

反対に、事前に元のデータの偏りを大まかに確認して、偏りが少ない場合には、平均値だけを使うこともあります。

いずれの場合でも、偏りの傾向をつかむには、標準偏差やヒストグラムなどが有効です。

本章で解説してきた指標や手法にはそれぞれに特徴・制約があります。また、手法が簡便であることと、得られる情報量とはお互いに相殺する関係にあります。しかし

・扱うケースにより手法を使い分ける
・誤解を極力避けるために複数併記する

など、工夫次第で効果を発揮してくれることでしょう。特に元の生データと比較すれば、そのメリットをはっきりと感じていただけるはずです。

本章で解説してきた「要約」や「視覚化」の発想や技術は、それ単独で扱うだけでなく、より難易度の高い「データ分析」の土台にもなります。なぜなら、データ分析前の準備や分析結果のまとめ方などの形で、多くのケースで課題を解決するのに活用できるからです。土台をしっかりと固めた上で、多くの分析技術を使えるようになると鬼に金棒です。

CHAPTER 3

第3章

値段を変えずに“安く”売るには

比較とグラフ化

「100円は高いのか、安いのか」を判断するには

ドラッグストアで歯ブラシが100円で売られていたとします。この歯ブラシが安いのか高いのか、どう判断しますか？

・普段の価格（定価）と比べる
・200メートル先の別のドラッグストアでの価格と比べる
・他の商品と比べる

など、明確に「何か」と比較したり、それが無理でも過去の自分の経験や感覚を無意識に参照しますよね。つまり、単独でその良し悪し（高い安い）を評価することは難しくても、比較することで相対的に価値を判断できるのです。

一見かんたんなことですが、ビジネスでも同じことがいえます。たとえば「今月の売上額が十分であったか否か？」という問いにも

・対予算
・対競合
・対前年
・対前月
・対他の自社商品

などと比較すれば、それぞれの尺度で相対的に評価できます。

さらに応用すれば、データをパッと見ただけでは気がつかない問題点を突き止めたり、自分の主張を効果的に見せるポイントをより強調させたりでき、大きな威力を発揮します。

では、適切にデータを評価をするためには、何がポイントになるでしょ

うか。

　ドラッグストアで売られている特売品を思い出してください。多くの場合、

「特価100円（定価210円）」

のように値引き後の値段を赤い文字で定価と比較しながら売っていますよね。たしかに「定価と比べれば半額以下」で安いことに目がいきます。

　ところが、200メートル先にある別のお店では、同じものを90円で売っているかもしれません。それと比べれば10円高いわけです（実際どちらがベストな選択なのかは、10円のために200メートル先まで見に行くコストとのバランスによりますが）。

　つまり「何と比較するかによって同じデータでもその評価が180度変わる」のです。

　そこで目安となるのは、次の4つの切り口です。これらは実務的に広くデータを入手しやすいうえ、いずれかもしくは組み合わせで、多くの状況を的確に把握できるからです。

（1）時間で比べる
（2）競合と比べる
（3）計画で比べる
（4）属性で比べる

時間で比べる〜デジカメの写真と動画の情報量の違い

ビジネスは何かしらの継続性を持っているケースが多いものです。「一発もの」に見えるキャンペーンであっても、昨年やったキャンペーン、来年もやるであろうキャンペーンなどと視野を広げていけば「継続的な活動」と言えます。

この継続性の中での変化に着目すれば、データの傾向（トレンド）を捉えることができます。デジカメの写真（静止画）と動画の情報量の違いと同じように、時間の流れを捉えた動画からは、静止画ではわからない動きや変化がわかりますよね。

たとえば、次の2つを比べてください。

・今日の来客数は350人であった
・今日の来客数は350人で、過去4週間の週平均が連続して伸びている中で最高を記録した

得られる情報量が違うことに加え、「トレンド」がわかることで、その背景（たとえば、過去4週間、営業強化や値引きの効果があったのか否かなど）を考えることもできます。また、それまでのトレンドから将来の予測（あくまで予測ですが）に活用できる可能性も生まれます。

時間軸での比較をより効果的にし、落とし穴にはまらないためには、データに手をつける前に、次のことを自問するといいでしょう。

・そのデータは時間の経過により変化する、継続性のあるものですか？
・変化をつかむためには、どのような時間単位が適切ですか？
・最適な時間単位のデータは入手できますか？
入手できなければ、どのようなデータで代替できますか？

それともコストをかけてこれからデータを集めますか？

・時間以外の前提は同じですか？
違うとすれば、それはどのような要素が考えられますか？

ポイントは、できるだけ「時間」だけを変数として、その他の条件は変わらないものにすることです。つまり、今日の商品Ａは昨日の商品Ａと比べるべきで、昨日の商品Ｂと比較してもあまり参考になりません。

一見あたりまえのようですが、より複雑なケースではこの点にまで意識が回らず、「じつは時間だけでなく、他の前提が違うことを見落としていた」なんてことは珍しくありません。

たとえば昨年７月の売上と今年の７月の売上を比較した結果、「今年は昨年比50％増だった」として、そのまま喜んでしまうようでは要注意です。私であれば、

「昨年７月の市場は、はたして今年の７月と同じ環境であったか？」

も調べます。もしかしたら、昨年７月は、となりで競合が強力なキャンペーンを行っており、その影響を受けていたかもしれないからです。他の要因が絡んでいた場合には、最終評価にその要素を加味しなければなりません。

時間をどの単位で切るかは、そのビジネスの速さ（日々の売上の変化を追う必要があるのか、年単位の大きなトレンドを見るのか、など）によって異なります。実際には、入手できるデータの単位に制約を受けることが多い気がします。「毎日刻々と変わるデータをモニターしたくても、週単位や月単位でしかデータがない」ということは日常茶飯事です。お金と時間があれば、必要な頻度でデータを取り始めることもできますが、コストを考えると妥協すべきことも多いですね。ただし、時間単位をあまり長くとると、単位とした期間全体の結果が１つの数値に集約されてしまいま

す。それによって、その期間内で起こっている変化などは隠れてしまうリスクもあることを覚えておいてください（くわしくは第6章で紹介します）。

競合と比べる ～独りよがりは最大のリスク

ビジネスの中で、決して忘れてはいけないのは競争相手です。

「自社の予算」や「過去との比較」で増えていることだけを見て良しとしてしまっては、大きなリスクを抱えることになりかねません。なぜなら、たとえばその間に他社に大きくシェアを取られてしまっているにも関わらず、それに気づく術がないからです。

競合の視点による比較にはこんな問いかけが有効です。

- **あなたが今見ているデータには競合がいますか？**
  いれば、どのようなデータで比較することが有効ですか？
- **有効なデータは入手できますか？**
  入手できなければどのような代替データが考えられますか？
- **今見ている競合の範囲は適切ですか？**
  もっと視点を広げると、違った競合が見える可能性はありませんか？

競合の視点で見落としがちなことは、「何を／どこまでを競合とするか」という視点です。

たとえば、自動車業界で言えば、日本市場で大きなシェアを占めているのは国内メーカーであるトヨタ、日産、ホンダ、マツダなどです。ところが、軽自動車の購入者が過去に比べて大幅に増えている現在、スズキやダイハツを対象としなければ大きな視点を失ってしまいます。

同じく海外での競合となれば、国内の競合をそのままあてはめられません。たとえば数年前にはほとんど視界に入らなかった韓国勢は、いまや無視できない存在になってきています。

　これらの例からわかるように、業界動向など、データが関係する環境全体の動きを見極めて、適宜その対象範囲を柔軟に修正しなければならないのです。

　もちろん調べるのは競合が明らかに直接絡むものだけとは限りません。

・社内の従業員満足度
・毎日の気温
・製造品質の推移

など、“競合”というものが存在しない、もしくはさほど重要でないものも少なくありません。この場合には、当然この「競合」の視点の優先度を下げて問題ありません。

■計画で比べる　～組織の論理は予算で動く

　多くの企業は予算をベースに事業を営んでいます。予算には売上や収益だけでなく、人員数や経費なども含まれます。そしてその基礎となる予算と比較することは、事業のパフォーマンスの指標として極めて重要です。いくら競合を出し抜いても、いくら前年比300％であっても、予算が未達成であれば、その組織の中ではNGとなってしまうからです。

　ただ逆に、予算ベースで事業を行っている組織では、すでに対予算（計画）でデータを比較していることも多く、この視点が新たに必要となるケースはあまりないかもしれません。

　計画の視点による比較にはこんな問いかけが有効です。

・組織内にすでに計画と実績を把握して、比較できる仕組みがあります

か？
・計画比との差がある場合、それを検証して将来に生かしていますか？
・検証の仕方に、競合や時間などの視点を入れた比較を検討したことがありますか？

計画との比較は、気を抜くと「比較することが目的」となってしまいがちです。「比較した結果から問題点や成功要因を特定し、それを将来に活かす」というサイクルを作ることのほうが、よほど重要で意味があることです。

その差を検証する方法の1つとして、先に紹介した競合や時間を軸に比較するのが効果的なことがあります。たとえば、計画を達成しなかった要因は競合が仕掛けたキャンペーンであったかもしれません。計画を大幅に達成したといっても、過去5年間の推移からみれば成長が鈍化しているサインを発見できるかもしれません。それらのヒントを元に、具体的な戦略や次回の計画を有効に作ることができます。

属性で比べる（地域・商品など）〜データに個性を語らせる

ビジネスで使うデータ（数字）には、何かしらの属性、つまり「そのデータがどんなものに属しているか」という切り口があります。たとえば同じ“売上高”にも

「九州地方のデータ」
「商品Bのデータ」
「50代男性顧客のデータ」

など、いくつかの切り口があります。切り口を見つけるときに必要なのが

次の2つの視点です。

・1　データをある切り口でどんどん細かくバラしていく

たとえば、全国の売上データを「地方別」に切り分けていくことが考えられます。

もしくは、ある店舗の1日の売上データを食品、衣料品、日用雑貨などの「カテゴリー」で切り分けていくことも含まれます。

・2　そのデータと共通の切り口（軸）を持つ他のデータと比較する

たとえば、昨日の全国の売上データを、昨日の韓国での売上データと比較することはできます。ただしそのためには、同じ前提（この場合は「昨日」）の韓国のデータを新たに入手する必要が生じます。

先の視点を内向きにバラしていく「内向き視点」とすれば、後者は外に向かって範囲を広げていく「外向き視点」という見方ができます。いずれも、今目の前にあるデータを出発点として、どちらの方向に進むべきかで決まります。

このように、ある切り口（軸）を定めてその中で比較することで、より具体的な比較結果が見れるようになります。たとえば次の2つを比べてみてください。

・今日の我が社の全国でのカレーの総売上は5000万円でした
・今日の我が社の全国でのカレーの売上は、チキンカレーが1000万円、マトンカレーが500万円、ビーフカレーが2000万円、ポークカレーが1500万円でした

この場合、商品という内訳にバラし、それらを比較したほうが得られる情報が当然多くなります。情報が多ければ、その分問題点や解決策がより見つけやすくなります。

属性の視点による比較にはこんな問いかけが有効です。

- 今手にしているデータはどこまでバラされたものですか？
- そのデータはどんな切り口でさらにバラすことができますか？
- バラせる切り口のうち、有効な情報が取れそうなものはどれですか？それはどのような仮説に基づきますか？
- そのデータと共通の切り口（軸）で比較できる他のデータはありますか？

コラム 比較すべき属性を見つける4つのステップ

比較は大事ですが、「何でも比較して情報を増やせば良い」ということでもありません。

では、どうすれば比較すべき属性を適切に見つけられるのでしょうか？

絶対的な王道はありませんが、実務上私は次のようなステップを踏みます。

(1) 今自分が見ているデータが、どのような属性で、どこまでブレイクダウンされたものなのかを把握する

【例】担当範囲の総売上額（それ以上大きな範囲はない）なのか？すでにある地域や商品などの特定範囲に刻まれたデータなのか？

(2) そのデータにはどんな属性があるのかを考える

【例】商品／地域／人／顧客／時間／競合など

(3) その中で入手できるデータがあるのはどの属性かを確認する

(4) 入手できる属性のうち、目的から考えて比較により最も有効な結果が得られると思われる属性を検討する
(「内向き視点」と「外向き視点」のどちらがより有効かを考える)

実際には最初から完全な正解がわかっていることは少ないです。「一番の目的は何か?」を念頭に置きながら、探りたい課題やキーとなる仮説を作って、それを検証するために一番あぶりだしやすい属性が候補として挙げられるでしょう。

私の経験では、実際に最も制約条件として影響が大きいのは(3)です。コストや時間の制約から、入手できるデータは限られます。そのため、理想的にはさまざまな属性が思いつくのですが、必然的に比較できる対象はある程度絞られることが多いです(もちろん、必要に応じてお金と時間をかけて必要なデータを入手するケースもあるので、「データがない」だけですべてをあきらめる必要はありませんが)。

「時間の視点」や「競合の視点」もある意味、「時間」や「競合」といった属性でデータを比較する点では同じ考え方です。ただしこの2つは、ビジネスでデータを入手しやすく、使われやすいため、本書では特別に扱っています。

3つのグラフの強みと弱みとは

比較する切り口が決まり、データがそろったら、次の作業は実際に比較し、そこから必要な情報や気づきを得ることです。

ただ、せっかくのデータも、単に左右に並べて比べただけでは重要なポイントをみすみす見逃しかねません。そんな問題を避けるために力を発揮するのが「**グラフ化**」です。グラフは決して比較のためだけのものではありませんが、ここでは「比較」を「視覚化」するためのツールとしてグラフを活用してみましょう。

グラフ化を考えるときに最初に決めること（迷うこと）は

「どのグラフを使えばよいのか」

です。絶対的な正解はありませんが、目的や切り口によって「見やすい（わかりやすい）グラフ」とそうでないものがあり、特徴をうまく活かせると強い味方になります。

次のグラフは、同じ営業課ごとの売上データから作成した「折れ線グラフ」「棒グラフ」「円グラフ」です。

どのグラフからどのようなメッセージが読み取れますか？

また、どれが一番情報を視覚的に把握しやすいでしょうか？

9月度 部署別営業成績一覧（百万円）

営業1課	12
営業2課	4
営業3課	17
営業4課	21
営業5課	15
営業6課	11
営業7課	8

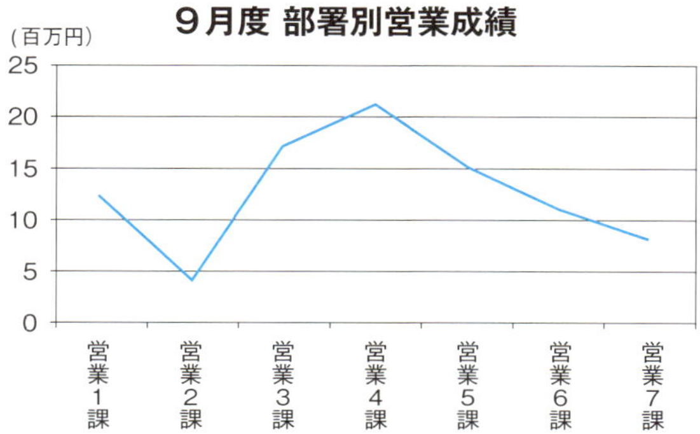

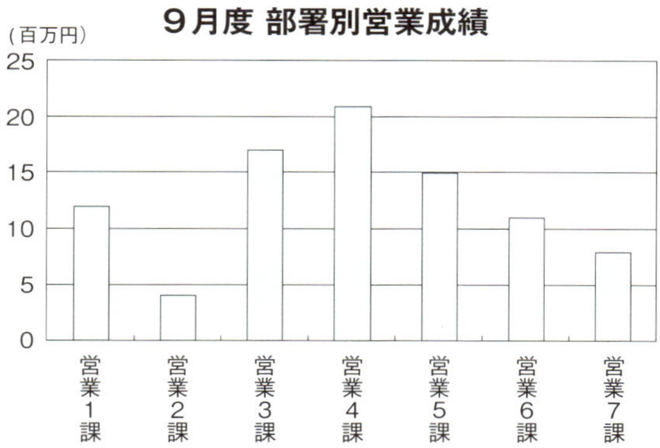

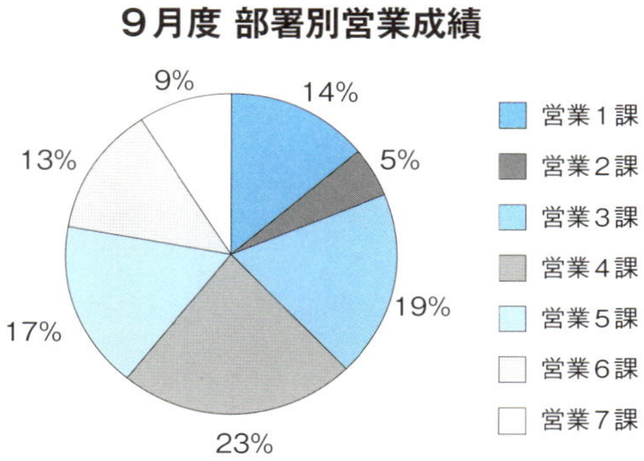

それぞれのグラフの特徴と選び方を見ていきましょう。

・折れ線グラフ

折れ線を選ぶときの視点は「**継続性**」です。

折れ線グラフは、通常左から右へ向かって時間変化に沿ったデータを示すことに使われます。時間の経過に従って、どんどんグラフが右側に伸びていくようなイメージです。時間は途切れることなく続くものなので、「折れ線」を使うとその継続性を表せるのです。

今回のケースでは、営業4課が最も成績が良く、営業2課が最も悪いこと、そしてそれぞれの課の売上額もわかります。横並びで成績を比較することもできますが、それぞれとなり同士の課を「折れ線」でつなぐ意味はここにはありません。その分、冗長な情報が含まれていると言えます。

たとえば営業1課に対象を絞り、「時間」の視点で各月の成績を比較し、その推移を可視化する場合に折れ線グラフを使うと効果的です。

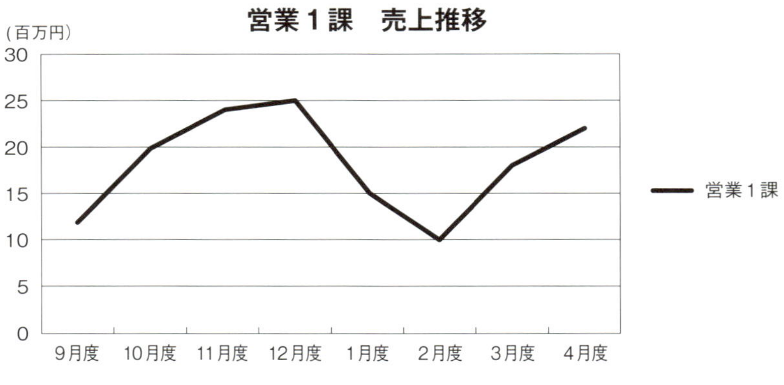

また、これに「計画比」の視点を加えることで、次のように可視化することもできます。このグラフには「時系列」と「計画比」両方の視点での比較結果が示されています。

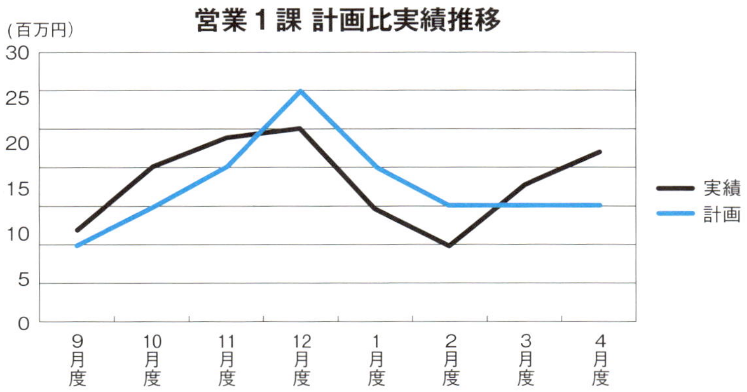

もう一歩実際の実務に近いところに踏み込むと、計画との比較は「各月ごと」も重要ですが、「これまでの（たとえば年度内の）計画比の累積」を知ることも重要です。その場合には、年初から月ごとに実績と計画の差を積み上げ（累積させ）、それを時系列で可視化すると、見やすい情報としてさらに価値を増します。

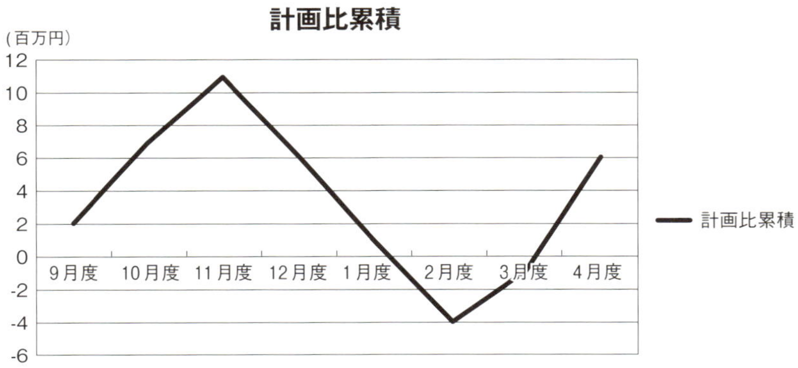

累積データは、各月の実績や計画と同じグラフに入れ、グラフの右側に「第2軸」を設定して、違う尺度（軸）で可視化することもよくあります。ただし、同じグラフに2つの軸が存在すること、情報量が多くなることから、かえって見にくくなる場合があるので注意が必要です。

また、多くのケースでは縦軸を絶対量で表すので、そのグラフの傾きは単位時間あたりの数値変化量になります。一方、ビジネスで頻繁に使われる「12%増」や「5%減」など“前期と比べた”「変化率（%）」は、グラフからは直接読み取れません。グラフの傾きが大きくなっているからといって、「前期からの“変化率”が上がっている」と早とちりしないようにしましょう。

この誤解を避けるためには、以下の２つを明確に分けるよう工夫するといいでしょう。

- **グラフで絶対量の変化を示す**
- **前年比変化率などは、欄外に併記する**

これは折れ線グラフにも棒グラフにも当てはまるポイントです。

・棒グラフ

棒グラフを選ぶときの視点は「**横並び**」です。横軸に共通の切り口（軸）を適用して、それに従ってデータを「横並び」にします。このケースでは、「営業課」という切り口で、それぞれの営業課を横並びにしています。

棒の高さでそれぞれの課の売上高の絶対値がわかるうえ、横並びにすることで、それぞれの課を相対的に比較した結果を視覚的にパッととらえられますね。ちなみに第2章で紹介したヒストグラムも、横軸にデータの範囲、縦軸にデータの頻度（数）を置いた棒グラフです。

先の折れ線グラフに比べると、「課ごとを同列に並べて比較する」という場面ではより視覚的にわかりやすいでしょう。

もちろん横軸の切り口を「時間」にして、折れ線グラフと同様に右に行くにつれて時間経過を示すこともできます。しかし、そのような場合も、やはり折れ線グラフを使うほうが適切な場合が多いと思います。

・円グラフ

円グラフを選ぶときの視点は「**内訳・構成比率**」です。円グラフは、円をいくつかの部分に分けて「内訳」やその構成比を示すことに適しています。たとえば「すでに全体の売上額は決まっていて、それぞれの部署の貢献度を比率で表したい」というような場合です。もちろん、円グラフのそれぞれの要素に絶対値（本ケースでは課ごとの売上）を示すこともできますが、円グラフで最も視覚に訴えるのは、その“比率”です。

このケースでは、比率はわかるものの、絶対値を比較するには最適とは言えそうもありませんね。

また、内訳を示すには、まず「その内訳で構成される“全体”は何なのか」を認識していることが前提です。

たとえば本ケースで、この会社に営業10課まであるとします。本来、営業1課から10課までを営業部の“全体”として、それぞれの課の構成比を示すべきです。しかし“全体”が何かを忘れて、営業1課から7課までだけで円グラフを作っても、その構成比は意味を成さないものとなってしまうでしょう。折り込むデータがきちんと定義された全体をカバーするものであるか否か、注意が必要です。

円グラフが最適な例は、たとえば「営業1課から7課まではプリンター製品を扱っており、他の自社製品と比較（属性比較）したこの会社全体で

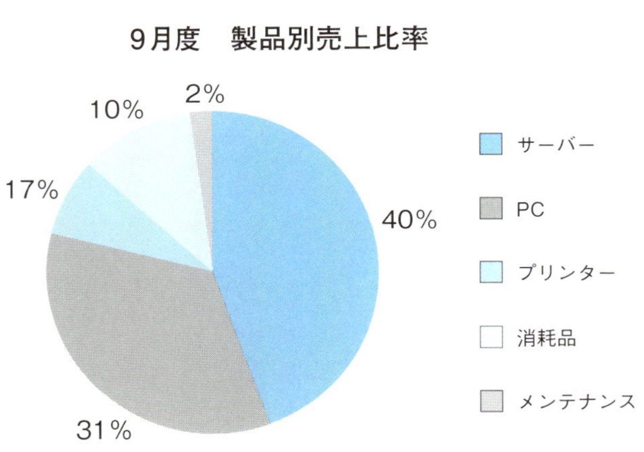

の売上比率を表したい」ときです。

ほかにも、応用の1つとして、円グラフの円の面積そのもので全体の大きさを表し、時間経過ごとや、属性ごとに並べることで、円グラフ同士を比べることもできます。

以上、3種類の代表的なグラフの特徴と、活用するための視点を見てきました。選ぶグラフをまちがえたからといって、データや事実そのものが変わってしまうことはありませんが、効率的・効果的に情報を読み取るためには適切なグラフを選択する作業が欠かせません。

コラム Excelでグラフを作るには

Excelのグラフ機能を使う手順は以下のとおりです。

【STEP 1】ツールバーにある「グラフウィザード」ボタンを押します。

【STEP 2】グラフウィザードから、必要となるグラフの種類を選択します。

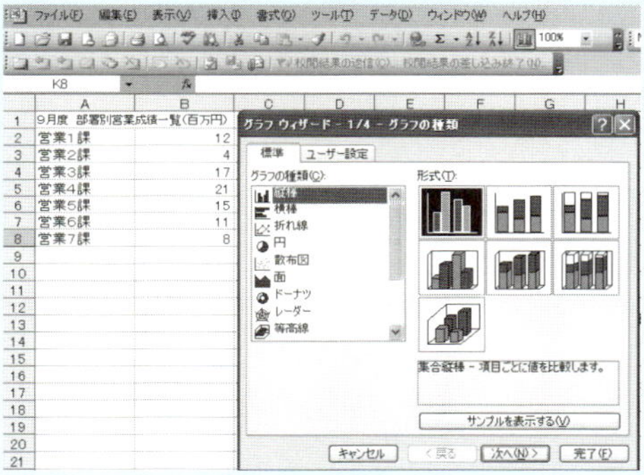

【STEP 3】対象となるデータの範囲を選択します。

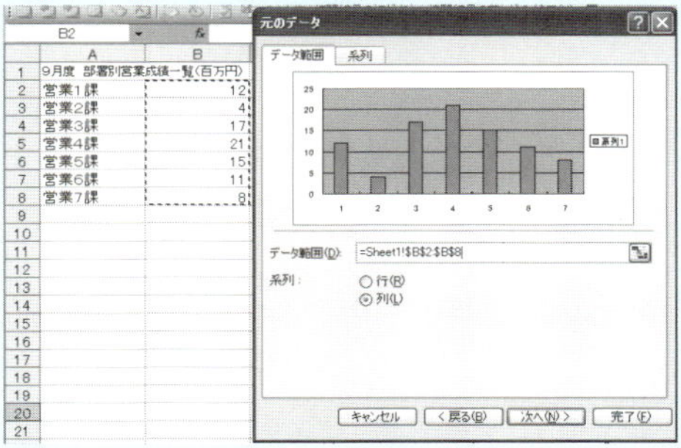

【STEP 4】グラフのタイトルや縦横軸の記載など、必要事項を入力します。

「グラフの引き出し」を増やすには

グラフの種類や、同じグラフでも表示の仕方には、本章で紹介した以外にもたくさんの応用例があります。たとえば

「全国の売上額の毎月の変動を時系列で示すと同時に、担当課ごとの内訳も示したい」

という場合には、次のような棒グラフを使うとメッセージをより効果的に伝えることができます。

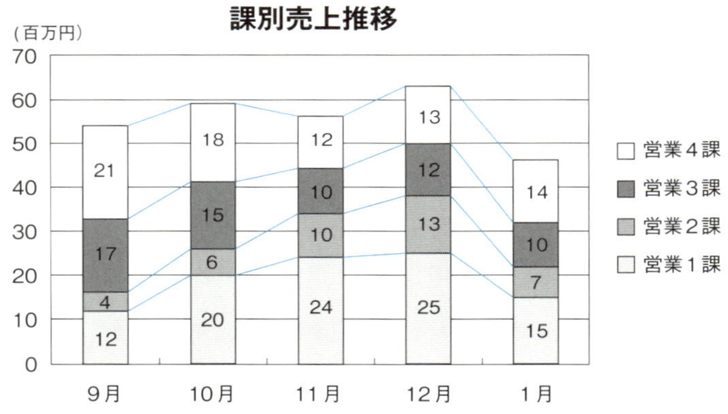

このように応用の可能性はたくさんありますが、グラフを選ぶ際に必要となる視点など、本章で紹介した基本的なことは多くのケースに当てはまります。まずは基本を押さえ、たくさんの実務例に応用することでグラフを使いこなす感覚はますます磨かれていきます。それぞれの状況に合わせてより多くの応用を身につけ、「グラフの引き出し」を増やしていってください。

コラム　グラフ化に潜むリスク

グラフ化には「元のデータがシンプルに把握しやすくなる」というメリットがある一方、「ある要素を隠してしまうことがある」という副作用があります。

たとえば、次のように、コーヒー飲料の年齢別の年間平均摂取量を棒グラフで示すとします。

年齢層	回答数	平均摂取量（リットル／年）
11～20歳	21	33
21～30歳	315	51
31～40歳	420	48
41～50歳	378	39
51～60歳	210	35
61～70歳	151	29

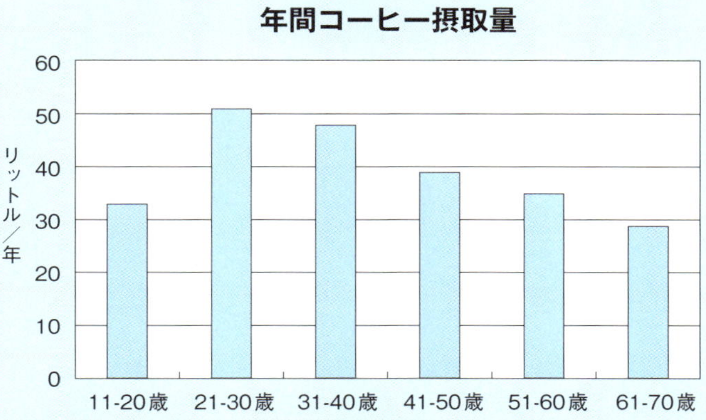

この場合、年齢別の平均摂取量を棒グラフにすることで、年齢別の平均値を比較することに成功しています。しかしその一方、元のデータにあった「回答数」の要素はグラフ上には表されていません。1つ

の要素を犠牲にすることで、グラフを見やすくしているのです。使用目的と回答数の重要性にもよりますが、これによりたとえば「11〜20歳のサンプルが少ないので、他の年齢層ほどデータの精度が高くなく、偏った結果であるかもしれない」というリスクは隠れてしまいます。

　したがって、グラフ化するときには

「ハイライトすべき重要な要素は何か」
「どんな要素が犠牲になるのか」
「犠牲になった要素は別途表記する必要はないか」

という問いかけをする癖をつけるとよいでしょう。

4種類のグラフ×4つの切り口早見マトリックス

　ここまで、比較の4つの「切り口」と3つの代表的なグラフについて紹介してきました。これに第2章で紹介した散布図を加え、それぞれの関連をまとめたものが次ページの表です。

グラフの種類	折れ線グラフ	棒グラフ	円グラフ	散布図
特徴	時間的変化をつかむ	カテゴリー／グループごとの特徴をつかむ	全体の中の割合をつかむ	散らばりやグループの塊をつかむ
時間で比べる	○	△		
競合と比べる	△	△	○	
計画で比べる	○	○		
属性で比べる（地域・商品など）		○	○	○

記号の意味は以下のとおりです。

・○　⇒　その比較の視点に適したグラフ
・△　⇒　ケースにより選択肢として考えてみるとよいグラフ

これらはすべてのケースに当てはまるものではありませんが、1つの目安として役立つと思います。

最後に、データを比較する際のおおまかなステップをまとめておきます。

【STEP1】 どの切り口で比較するのが良いかを考える（4つの切り口）。

必ずしも1つに絞る必要はなく、優先度を付けておくことも。

【STEP2】 選んだ切り口を比較できるデータの有無を確認する。

なければ、新たに入手する、もしくは次の優先度の切り口のデータを当たる。

【STEP3】 比較する範囲（期間など）を決め、適切なグラフを選ぶ。

CHAPTER 4

第4章

カスタードケーキがチョコパイに勝つには「味の改良」「販促キャンペーンの強化」どちらが有効か？

相関分析

もし単独データの分析で行きづまったら

仮に自分が遊園地の経営者になったと思ってください。赤字になるとまずいので、入場者の数をあらかじめ想定し、必要なスタッフ、お土産、お弁当などを無駄なく準備する必要がありますね。

毎日一定ではない入場者を予測するために、単に日々の入場者数のデータから平均と散らばりを確認しても、たとえば

・平均入場者　⇒　352人／日
・標準偏差　⇒　50人

という情報しか得られないでしょう。これだけでは向こう2～3日後の入場者数を予測するのは難しそうです。このように

「本当に知りたいことがデータから直接得られない」

ことが現実には圧倒的に多いのです。

ではどうすればいいのでしょうか？

答えは「他のデータとの組み合わせに着目することで、得られる情報を広げ、新たな光明を見出す」ことです。

先の例では、たとえば雨の日には来る人が少ないであろうと考え、「天気」を入場者数の変化の指標として挙げるかもしれません（もちろん他にも曜日や季節などありますが）。この場合、「天気」という他の情報（データ）を活用して、間接的に「入場者数」という課題に切り込むわけです。

ただ、「他のデータ」をむやみに持ってきたところで、それが役にたつかはわかりませんよね。そこで必要になるのが、他のデータとの間の結びつき（関係）の強さを知り、「どのデータが間接的な情報（指標）として妥当か」を知る手段です。

それが「**相関分析**」です。相関は、2つのデータの関係の強さを－1から＋1の間の数字で表します（これを「**相関係数**」と呼びます）。

相関を理解するための2つのポイント

相関を理解するには「大きさ」と「方向」の2点を押さえておけば大丈夫です。

・大きさ

大きさとは「2つのデータが、どのくらい同じような動きをするのか」を意味します。たとえば、同じ商品でも、値引きの額が大きければ大きいほど、売れる数は増えていきますよね。

あるデータＡとデータＢがお互いに完全に比例する（Ａが2倍となればＢも2倍）関係にあれば、相関係数は1になります。逆に、ＡとＢが独立して関係がなければ、相関係数は0となります。もし「値引き額」と「増えた販売数」の相関を取ると、相関係数は0よりも1に近い値になるはずです。

・方向

「Ａが増えるとＢは減る」のように、お互いのデータの増減の向きが逆の場合、相関係数はマイナスの値になります。完全な比例関係が成り立つと相関係数は1であったように、「Ａが2倍増えれば、Ｂは2倍減る」のように「向きは逆だけど、大きさの比率はまったく同じ」場合、相関係数は－1となります。

実際の実務データでは、相関係数がちょうど1や－1になることはほとんどなく、その間の値になることが多いです。

「相関」というとちょっととっつきにくいかもしれませんが、理論はこのように極めてシンプルです。しかも、－1から1の間の数値しか出てきません。また、Excelを使えば、相関係数を算出するのもあっという間です。

では相関係数がどのくらいの値であれば、「その2つのデータに相関関係がある」と言えるのでしょうか？

この問いに絶対的な答えはなく、課題やそのための分析に求められる精度、条件にもよって変わってきます。しかし、一般的には

0.7以上（逆の相関の場合には－0.7以下）

であれば、「相関関係あり」と言っても差し支えありません。

また、精度としてはイマイチですが、0.5以上の場合にも「相関関係あり」と見なす場合もあります。

私自身が業務で扱うときには、経験的に多くのケースで0.7を目安としています。

コラム　Excelで相関を求めるには

一例として東京と札幌の月別の降水量を使って相関を求めてみましょう。以下はネットから入手した過去の各都市の月別平均降水量です。

(mm)	1月	2月	3月	4月	5月	6月	7月	8月	9月	10月	11月	12月
札幌	111	96	80	61	55	51	67	137	138	124	103	105
東京	49	60	115	130	128	165	162	155	209	163	93	40

出典：昭和46年～平成12年平均。気象庁観測部観測課「日本気候表」

相関は、Excelの**CORREL**関数を使えばかんたんに求めることができます。ちなみにCORRELとはCorrelation（相関）の略です。

【STEP1】Excel上で、データのないセル上に、「=CORREL( )」という関数を入力します。（ツールバーの「挿入」－「関数」からも選べますが、短いので私は手で入力しています）

【STEP2】( )の中に、相関を調べる2つのデータの範囲を、カンマ「,」で区切って入れます。

	A	B	C	D	E	F	G	H	I	J	K	L	M	O	P
1	(mm)	1月	2月	3月	4月	5月	6月	7月	8月	9月	10月	11月	12月		
2	札幌	111	96	80	61	55	51	67	137	138	124	103	105		
3	東京	49	60	115	130	128	165	162	155	209	163	93	40	=CORREL(B2:M2,B3:M3)	
4												CORREL(**配列1**, 配列2)			

【STEP3】「Enter」を押せば、相関係数が表示されます。

	A	B	C	D	E	F	G	H	I	J	K	L	M	O
1	(mm)	1月	2月	3月	4月	5月	6月	7月	8月	9月	10月	11月	12月	
2	札幌	111	96	80	61	55	51	67	137	138	124	103	105	
3	東京	49	60	115	130	128	165	162	155	209	163	93	40	0.03

この例では、相関係数は0.03と非常に小さい数値でした。すなわち、降水量の月別の変化に関しては、東京と札幌とでは相関がほとんどみられないことがわかります。

以上で終了です。データを準備してから結果を得るまで、1分とかかりませんでした。

「平均」では見えないデータの裏側をのぞく

相関分析によってどんなことがわかるのか、「平均」と比較したシンプルな例で見てみましょう。

ある40人のクラスで「国語」と「数学」のテストをした結果、国語の平均点は52.2点、数学は62.2点でした。もしあなたがこのクラスの先生で、「クラスの学力を上げる」という課題に取り組むことになったら、どこに着目するでしょうか？

生徒	国語（点）	数学（点）	生徒	国語（点）	数学（点）
1	46	31	21	71	86
2	14	27	22	34	44
3	39	79	23	28	18
4	20	26	24	77	87
5	88	93	25	75	74
6	75	80	26	60	91
7	12	43	27	83	33
8	77	100	28	35	42
9	28	41	29	80	95
10	30	56	30	30	52
11	70	76	31	34	53
12	20	15	32	12	40
13	49	79	33	24	41
14	89	62	34	78	90
15	31	54	35	44	50
16	10	5	36	77	86
17	68	71	37	92	96
18	94	100	38	55	67
19	74	95	39	88	95
20	20	43	40	58	71

まずそれぞれの平均点や標準偏差などで、データの概要をつかむことから始めるかもしれません。しかし、「国語の平均が、数学よりも低い」ことがわかっても、効果的な手の打ちどころまではわかりませんね。

ここで、「生徒」という軸で「国語」と「数学」という組み合わせがあることに着目してください。つまり、国語や数学の科目の軸（縦の軸）に

対して、「生徒」という横の共通軸を入れてみるのです。たとえば

生徒1　⇒　国語の46点、数学の31点

という組み合わせが存在します。このようなデータの組み合わせに着目することが、相関分析の第一歩です。

このケースで国語と数学の点数の相関係数を出してみると、0.81という高い値が得られます（CORREL関数で、国語と数学のデータの範囲を入力するだけで求められます）。ここから次のように解釈を深めることができます。

「国語の点数と数学の点数の間に高い相関がある」
＝（すなわち）「国語で高い点数を取った生徒は、数学でも高い点数を取っている傾向が強い。その逆もしかり」
＝（すなわち）「できる生徒は、国語も数学もできる。その逆もしかり」

つまり、国語や数学といった科目によらず、「生徒ごとの基礎学力に差がある」ことが結果から読み取れるわけです。

この結果を受けて、最終目的である「全体の底上げ」という課題を解決するためには

「両科目の点数が低かった生徒を対象とした対策を優先的に打つ」

ことが効果的かつ効率的ではないか、と考えることができます。

もし平均点だけしか見えていなければ

「国語の平均点が低いから、国語に注力して全員を対象に補習しよう」

となっていたかもしれませんが、決して効果的とはいえませんね。

これを縦軸を「数学」、横軸を「国語」にした散布図に表すと次のようになります。いずれの科目も高い人は右上に、低い人は逆に左下に集まるので、右肩上がりの形になりますね。

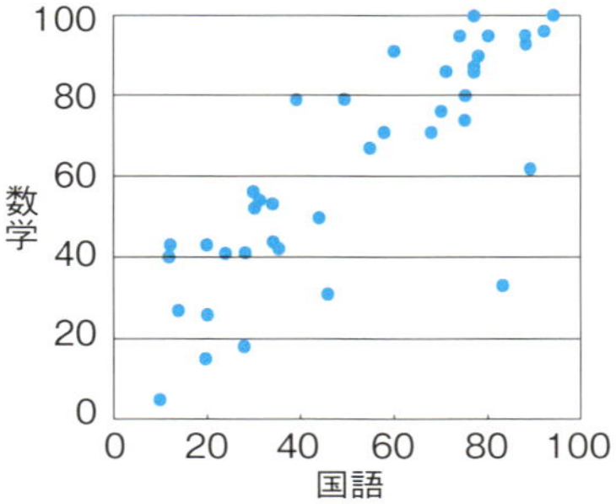

では、もし相関係数がこの逆で低かったら、結論はどのように変わるでしょうか？

その場合、同じ生徒でも国語と数学の点数の高低に強い関係が見られないことから、科目ごとの対策が必要になるかもしれません。特に国語が数学よりも平均的に低いので

「まずは国語の点数を上げるための対策を優先的に実施する」

アプローチをとるべきでしょう。

このケースを先と同じように散布図に表すと次のようになります。

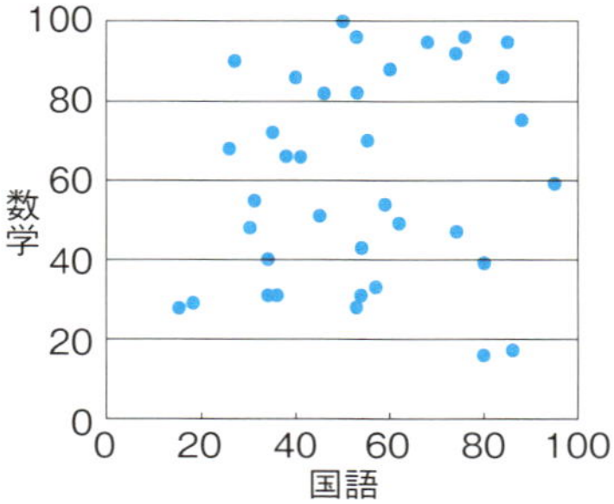

じつはこのケース、それぞれの平均点は52.2点、62.2点と、意図的に先の相関が高いケースとまったく同じにそろえました。平均点は同じでも、その裏にある事情はこんなにも違うのです。

このように、相関係数で得られた数値を自分なりに解釈し、ストーリー（ロジック）を描くと、課題解決への糸口がよりつかみやすくなります。

どんな問題も3つのタイプに分けられる

では実際に課題を目の前にして、それをどのように「相関分析」につなげればよいのでしょうか。

実務で目にする課題や問題は

「これは相関を使って解けますよ」
「相関をこう当てはめると良いですよ」

とは教えてくれません。しかし、相関分析を応用する際、典型となるタイプはあります。どんな課題も、だいたいは次の3つのタイプのいずれかに当てはまります。

・フロー型

フローとは「流れ」のことです。上流から下流に流れる川をイメージするとわかりやすいでしょう。流れの中に何の障害もなければ、上流の水がそのまますべて下流に流れます。ところが、途中でダムがあったり、支流に流れ出したり、土に水がしみこんだりと、期待どおりに最後まで水が流れないことがあります。これらの障害は「ボトルネック」と呼ばれますが、ボトルネックを特定して取り除けば、課題が解決されるわけです。

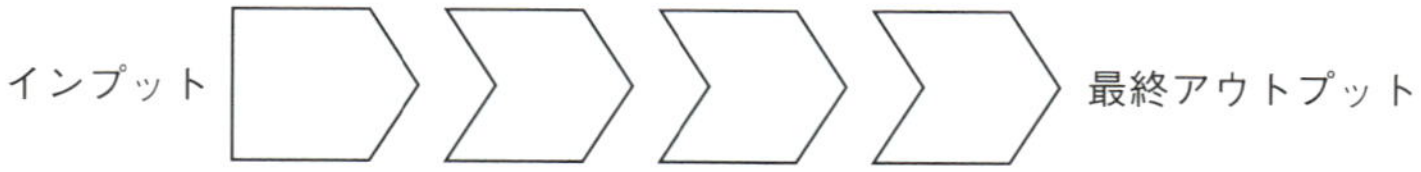

お菓子を工場で作る　⇒　お店で販売する　⇒　お客さんが購入する

など、お金や商品などが、いくつかのプロセスにまたがって流れていく例は身の回りにたくさんありますね。これに当てはまるのが「フロー型」です。

ボトルネックを見つけるために必要なのは、プロセスの切れ目にある「インプット」と「アウトプット」に着目することです。「アウトプット」と「インプット」の間に弱い相関しか見られなければ、ボトルネックが存在していると考えることができます。

目の前の課題が「フロー型」として当てはまるかどうかを見極めるには、次のポイントをチェックするとよいでしょう。

・問題となるポイント（たとえば「売上」）に至るまでに、複数のプロセスが存在するか？
（単一のプロセスだけでは、ボトルネックがそもそも存在しない）

・各プロセスそれぞれに「インプット」と「アウトプット」を表すデータが存在するか？

・結果・要因型

「来客数が期待どおりに集まらないので、複数実施しているキャンペーンの中からその主な要因を特定したい」

そのような場合が「結果・要因型」に当てはまる例です。何が結果で何が要因（の候補）であるかが、最初からある程度明確なのが特徴です。

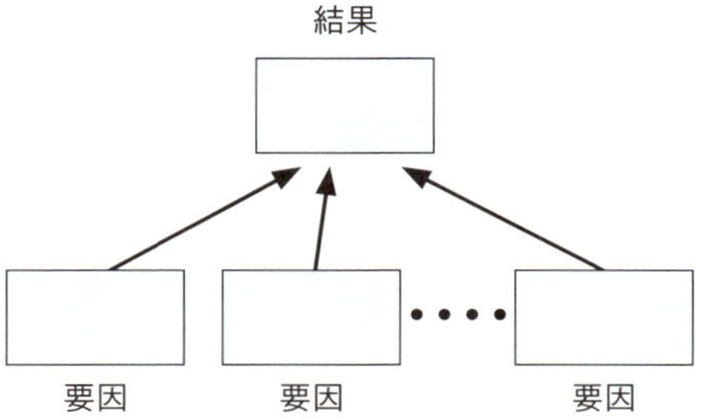

この型に分類される場合、まずはそれぞれの要因の相関の強さから優先度（影響度）を決めます。そして、結果との相関が強い要因を変化させてみて、結果をシミュレーションしてみることで、原因を分析していきます。

結果・要因型には厄介な点がいくつかあります。

まず、要因の内容はケースごとに異なるので、各要因を具体的にどう変化させるのかは、一概に論じられません。要因自体をコントロールできないこともあり、「次に優先度が高い要因を検討する」といった工夫（妥協？）が必要になることも現実的にはよくあります。

また、必ずしも「相関がある⇒因果関係がある」ではないことにも注意が必要です。

AとBのデータ間に「相関が強い」ことの裏には、次の4つの可能性があります。

1. A（原因）⇒　B（結果）
2. B（原因）⇒　A（結果）
3. 単なる偶然
4. AとBがそれ以外の要因で間接的につながっている（**擬似相関**といいます）

「因果関係がある⇒相関がある」は成り立ちますが、反対に「相関がある⇒因果関係がある」は必ずしも成り立つとは限りません。因果関係を確かめる視点は第6章で触れますが、相関はあくまで「両者の変化がどれぐらい相似しているか」の度合いを示すものであって、「因果関係の有無」や「要因と結果の方向性」までも示すものではないのです。

最初の仮定の思い込みが強いと、この「落とし穴」にはまります。たとえば「お客さんからの問い合わせが多い商品がより売れている」とすると

「問い合わせが多い（＝お客さんの関心が高い状態）ために売上が増える」

という仮説から

「問い合わせ窓口を増やす」

といったケースです。しかし、商品がたくさん売れたために（要因）、問い合わせが増えた（結果）可能性もありますよね。

・データ羅列型

たとえばアンケートで

「多くの項目に対する回答はあるものの、それらの情報をどう活用すべきかわからない」
「より多くの情報を引き出したいけど、どうすればいいかわからない」

という場合のように、

「データはたくさんあるものの、それぞれの関係や着眼点がわからず、手をつけられない」

というケースが「データ羅列型」に当てはまります。

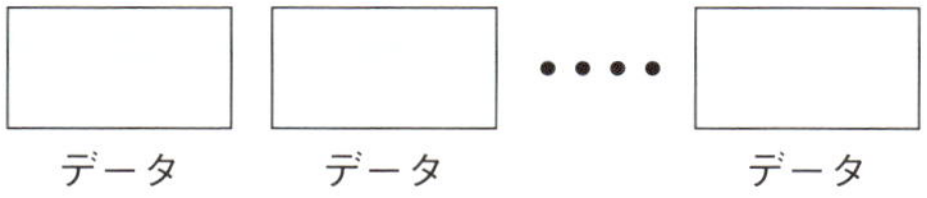

「フロー型」や「結果・要因型」のように、常に課題がある構造（型）に当てはめられないこともあります。むしろ“型”にはまるのかどうかもわからない（考えたこともない）データが身の回りにあふれている場合が多いでしょう。

そのような場合、データの羅列からあえてそこを深堀りし、新たな関係性や課題を積極的に探してみると、そもそも違う目的で集められたデータからも、有益なヒントを入手できることがあります。

考える（自問する）ポイントは、以下のように「フロー型」や「結果・要因型」と共通です。

・高い相関が見られる項目

⇒この2つの間の相関が高い理由はどのように説明できるだろうか？

・低い相関が見られる項目

⇒この2つの間の相関が低いのは、単に関連がないだけなのだろうか？
本来相関がもっと高いはずなのに、何かしらの理由で低いのだろうか？
だとすれば、どのような理由が考えられるだろうか？

・逆（マイナス）の相関が見られる項目

⇒この2つのデータが逆の動きをする理由はどのように説明できるだろうか？

1対1だけではなく、複数の相関に芋づる式にこのように問いかけると、次第に点と点がつながり、結果的にデータの羅列からストーリーを導き出すことさえできたりします。

ただし、「偶然に現れた相関」「複数の要因が影響し合った結果としての相関」「相関に見えるけど異なるもの（擬似相関）」など、数字だけではわからない背景がある可能性も忘れないよう注意してください。無理やり作り出したストーリーでは、結果を見誤ります。そのようなときには、インタビューなど別の方法で検証できれば、より磐石なストーリーとなるでしょう。

同一のケースでも、そのなかの課題をどの範囲で削り取るかによって、当てはめる型が異なる場合もあります。しかし大事なことは、「いずれの型が“完璧”に当てはまるか」ではありません。あくまで「課題に取り組む視点を見つけやすくするために照らし合わせてみる」くらいに柔軟に考えてください。

次項からは、実際にありがちな例とともに、それぞれの型の使い方を見ていきましょう。

■10000円の奨励金を出しても売れない原因を探れ（フロー型課題）

PCメーカーで3つの商品の販売を担当するあなたは、最近の店舗販売での売れ行きの悪さを上司に指摘されました。

「メーカーとして、小売店には十二分な奨励金（インセンティブ）を払っている。それなのに売れないとは、どこに問題があるのか？」

売上を改善するためにはどうすれば良いでしょうか？

この例のように“「インセンティブ」と「売上」”が“「要因」と「結果」”として目につきやすい課題では、それら2点の相関を調べることにまずは走ってしまいそうになります。たとえば

「ある商品における『インセンティブ』と『売上』に相関がなかった」

という結論が出たとしましょう。そこから

「インセンティブには効果がないので、来月から払うのを止めます。以上」

と結論づけるのは簡単です。しかし

「なぜインセンティブが効かないんだ？」
「どこが問題で、インセンティブを止めることが本当に最適なのか？」

というツッコミは必ず入ります。なぜなら課題は「売上を改善すること」であって、これだけでは問題の本質にまでたどりつけていないためです。

そこでもう一段深堀りして、メーカーからお客さんに至るまでのプロセスを調べた結果、次のようなフローであることを確認しました。

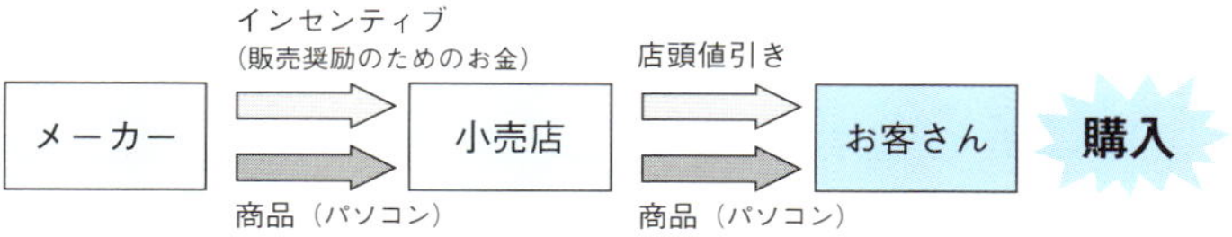

そして各プロセスに関わるデータを次のように商品ごとに集めました。

パソコンA

	インセンティブ（円/台）	店頭値引額（円/台）	販売台数（台）
1月	25,000	22,000	252
2月	22,500	22,000	260
3月	20,000	20,000	221
4月	15,000	12,000	187
5月	12,800	10,000	150
6月	5,000	3,000	88
7月	20,000	15,000	202
8月	3,000	2,000	94
9月	12,000	12,000	129
10月	12,000	12,000	108
11月	8,000	5,000	120
12月	18,000	15,000	110

パソコンB

	インセンティブ（円／台）	店頭値引額（円／台）	販売台数（台）
1月	12,000	11,500	840
2月	8,500	7,000	925
3月	10,000	6,800	690
4月	25,000	10,000	749
5月	22,000	12,000	823
6月	30,000	20,000	904
7月	18,000	15,000	840
8月	5,000	5,000	789
9月	9,000	5,000	842
10月	13,500	10,000	765
11月	20,000	18,000	911
12月	15,000	10,000	810

パソコンC

	インセンティブ（円／台）	店頭値引額（円／台）	販売台数（台）
1月	50,000	20,000	350
2月	45,000	25,000	485
3月	62,000	30,000	594
4月	55,000	27,000	594
5月	55,000	25,000	478
6月	40,000	24,000	462
7月	60,000	22,000	420
8月	58,000	28,000	519
9月	38,000	25,000	477
10月	42,000	25,000	469
11月	45,000	23,500	420
12月	52,000	24,000	442

これで、それぞれのパソコンについて

・インセンティブ - 店頭値引額
・店頭値引額 - 販売台数

における相関係数を次のように得ることができました。

	「インセンティブ - 店頭値引額」間	「店頭値引額 - 販売台数」間
パソコンA	0.97	0.86
パソコンB	0.81	0.49
パソコンC	0.34	0.94

ここまでの結論を、相関係数が大きな（1に近い）数値を○、小さい数値を×にしてイメージ化すると、次の図のようになります。これを見ながらパソコンAからCまでの結果の意味するところを考えてみましょう。

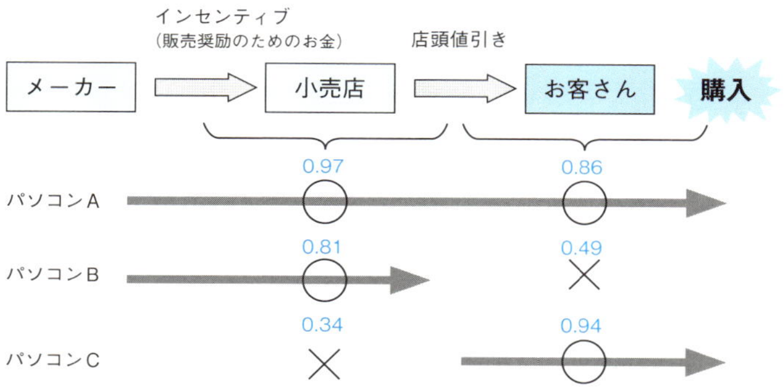

・パソコンA

⇒小売店はメーカーからのインセンティブを適切に値引きに反映させた。
その値引きにうまくお客さんが反応して販売につながった。

・パソコンB

⇒小売店はメーカーからのインセンティブを適切に値引きに反映させてはいた。
しかし、お客さんの反応はイマイチである（相関が弱い）。
値引きとは関係ない客層がターゲットとなっていると考えられる（一部の顧客のみを引きつけるニッチ仕様であったり、高級商品であるのかもしれない）。
そのためせっかくの値引きも販売増につながっておらず、結果的に無駄な出費を招いている。

・パソコンC

⇒小売店のインセンティブが適切に値引きに反映されていない。

小売店がインセンティブをそのまま自分のポケットにしまっている可能性も考えられる。

一方、パソコンCはパソコンBとは異なり、値引きによって販売数が増えることが見込まれる（相関が強い）。

にもかかわらず、小売店でインセンティブが留まり、販売につながっていないため、機会損失が生じている。

分析結果をまとめた結論として、次のような対策を考えることができそうです。

・値引きによる販売増効果が見込まれるパソコンAとCにインセンティブの投資を集中する
・パソコンCを卸している小売店には適切な値引きの実施を促し、実施状況をモニターしていく

最後に注目していただきたいのは、「インプット」と「アウトプット」に使われるデータの単位（XX台やXX円など）は、この例のように必ずしも同一である必要はないことです。相関は「単位」には縛られません。「データの変動の仕方」を比べているにすぎないからです。そのような汎用性も相関の魅力の1つです。

コラム あえて「弱い相関」にも着目するワケ

「相関」を分析しようとすると、まずは相関が「強い」ところに注目しがちです。しかし、先のように、「相関がない（低い）」こと自体に問題が潜んでいることもあります。「本来つながりがあるはずのところに、何ら関係（相関）を見出せなかったとすれば、そこに問題があるのでは」と考えられるからです。

相関の大小の着目点について、より一般的には次のような分け方ができます。

・複数のデータの中から強い関係を特定することで、それまで気づかなかったつながりを見つけようとする場合／理論的に強い関連があるという仮説を検証する場合
⇒相関が大きい点に注目する

・理論的にデータ間につながりがあるはずだが、それが実際には成立していないポイントを見つけることで問題を特定しようとする場合
⇒相関が小さい点に注目する

いずれの場合でも、

「この場合、相関があるということは……ということである」
「この場合、相関がないということは……ということである」

のように、言葉に落とし込んで解釈すると、本来の目的を外さずに分析を進めやすくなります。

カスタードケーキがチョコパイに勝つには「味の改良」「販促キャンペーンの強化」どちらが有効か？（結果・要因型）

あなたはお菓子メーカーでカスタードケーキを担当するマーケッターです。他の多くの競合商品と熾烈な競争に晒されている中で、さらに売上を増やし、シェアを高めることが必達目標となっています。

今の商品ではとても競争で勝ち残れそうにありません。

リサーチ会社から、競合との比較データはたくさん入ってきますが、何が効果的な一手なのかわかりません。

ケーキ菓子　採点表	ビターチョコパイ	ショコラケーキ	カスタードケーキ	マシュマロケーキ	ふわふわケーキ	チーズブッセ	レモンカスタードパイ	いちごバーム
総合評価	442	344	336	328	319	309	299	284
ブランド力	91	67	56	77	38	38	23	24
TVCM等メディア宣伝	20	11	11	26	7	6	2	6
パッケージデザイン	54	50	41	42	42	42	26	43
消費者キャンペーン、イベント	17	9	6	15	10	10	6	6
味	93	81	72	61	67	63	52	58
商品と価格のバランス	44	45	38	32	28	31	38	24
商品サイズ	70	48	56	53	44	47	55	33
ネーミング	61	68	36	59	80	39	35	35
リピート購入率	86	59	49	48	36	26	38	16
メイン顧客ターゲット設定	66	36	29	41	25	29	25	30
店頭販促物の充実度	25	14	31	16	12	10	37	14

この場合、あなたはどう考えますか？

「総合評価が商品の総合競争力のバロメーターとなっている」

という前提に従えば、「総合評価」を「結果」と考えるのが妥当でしょう。

また、「ブランド力」をはじめとする各項目は、この総合評価に何らかの影響を与えていると思われる「要因」と考えられます。

では、分析結果を見てみましょう。

ケーキ菓子採点表	ビターチョコパイ	ショコラケーキ	カスタードケーキ	マシュマロケーキ	ふわふわケーキ	チーズブッセ	レモンカスタードパイ	いちごバーム	
総合評価	442	344	336	328	319	309	299	284	相関係数
ブランド力	91	67	56	77	38	38	23	24	0.85
TVCM 等メディア宣伝	20	11	11	26	7	6	2	6	0.60
パッケージデザイン	54	50	41	42	42	42	26	43	0.69
消費者キャンペーン、イベント	17	9	6	15	10	10	6	6	0.74
味	93	81	72	61	67	63	52	58	0.91
商品と価格のバランス	44	45	38	32	28	31	38	24	0.69
商品サイズ	70	48	56	53	44	47	55	33	0.82
ネーミング	61	68	36	59	80	39	35	35	0.40
リピート購入率	86	59	49	48	36	26	38	16	0.94
メイン顧客ターゲット設定	66	36	29	41	25	29	25	30	0.91
店頭販促物の充実度	25	14	31	16	12	10	37	14	0.18

以下の4つが、総合評価に対して0.85を超える高い相関を示していますね。

・ブランド力
・味
・リピート購入率
・メイン顧客ターゲット設定

ここから

「総合評価は『ブランド力』『味』『リピート購入率』『メイン顧客ターゲット設定』と関連が強く、これらの要因を強化することが必要です」

と結論づけたとします。しかし、分析結果としてはこれで良くても、一番重要な

「具体的にどういうアクションを取る必要があるのか？」

を引き出すには十分とはいえません。より効果的で具体性を持った解決策に至るためには、次の2つの視点が必要です。

・（1）その結果は“使える”のか？

「ブランド力を上げる」と言われて、何をどうすればよいか、すぐに思いつくのは難しいはずです。ブランド力を構成する要素はたくさんあるためです。

「リピート購入率」にも同じことが言えます。

「リピート購入率が高いから総合評価が高い」

と考えるよりも

「総合評価が高いからリピート購入率も当然高い」

と考えるのが自然ではないでしょうか。

「相関が強い⇒因果関係がある、とすぐに飛びつかない」

という注意点を再度思い出してください。最初に想定していた因果関係と、逆の因果関係があるかもしれません。ブランドと同様、「リピート購入率」を上げようとしても、具体的なアクションには落とし込めません。

このように、せっかく相関が高い要因が特定できても、その結果がそのまま使えないケースがあります。「結果が出たら終わり」ではなく、一段自分なりの解釈を噛ませなければならないのです。

もし自分でデータを集めて分析する場合には、事前にこの点を考慮し、後の実行につながるデータを意識的に集めることで最初から無駄を避けるよう工夫してください。

・（2）擬似相関はないか？

要因と結果の間に、両者にインパクトを持つ第三の要素が介在していると、正しい相関係数が求められない場合があります。そのように、強い相関関係がないにも関わらず、“擬似的に”相関があるように見えてしまうことを「**擬似相関**」といいます。たとえば以下の図を見てください。

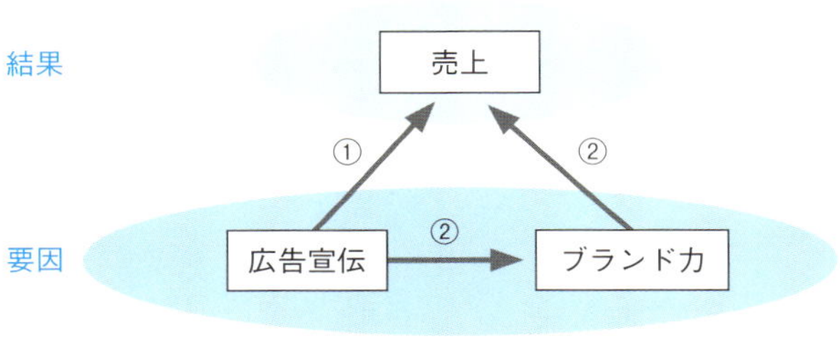

上記の例では、「ブランド力」と「売上」に相関が見られたとしても、その裏には「広告宣伝」という要因があり、それを介して「売上」と「ブランド力」の間の“見かけ上の”相関が出来上がっている可能性が考えられます。

擬似相関がない理想的な条件は

「各要因が独立しており、結果に対する因果関係が明確であること」

です。それが成り立たない場合、要因間の影響を取り去る「偏相関」という手法を使うことになりますが、そのためには専門のアプリケーションや数式が必要になってしまいます。

そこで私は、最初からある程度独立した（と思われる）要因を極力選んで分析しています。よりシステマチックに独立性を確認するためにも、相関は使えます。「独立性が高い」とは「相関が小さいこと」になるため、互いに相関が弱いデータを要因として選ぶのです。実際には独立した要因だけを選ぶことは難しいのですが、ある程度相関係数の精度には目をつぶりながらも、大まかな傾向をつかむようにしています。

このケースの例では、「ブランド力」と「売上」との本当の相関関係がわからなかったとしても、その「ブランド力」を構成する「広告宣伝」と

「売上」との相関がわかれば、「売上を上げるための要因を特定する」という目的は果たせます。つまり

「『ブランド力』は『広告宣伝』の要素を持っているので、『ブランド力』そのものをコントロールしなくても、『広告宣伝』をコントロールすればいい」

ということになります。
一方、「広告宣伝」が「売上」へインパクトを及ぼすルートには以下の2つがあります。

・直接関連する部分（図中①）
・「ブランド力」を経由して関連する部分（図中②）

しかし、「売上」と「広告宣伝」との相関係数は、この2つの合計としての相関の強さを示すので、複数ルートについて意識する必要がないのです。
以上、「ブランド」と「リピート購入率」以外に残る「味」と「メイン顧客ターゲット」という2つの要因から対策を考えると、次のようなアイデアが浮かぶでしょう。

・味
⇒商品の味向上のため、開発への投資を増やす

・メイン顧客ターゲット設定
⇒マーケティング部門や営業部門が販売データを分析し、メインとなるターゲット顧客の属性を確認する
⇒開発する「味」や「ネーミング」との整合性を確保しながら、新たなターゲット顧客層を特定する

他にはどのようなアイディアが浮かぶでしょうか？
ぜひ考えてみてください。

・「データを縦軸で見るか？　横軸で見るか？」で迷ったら

このケースでは、以下の2つの見方ができます。

・横に要因ごとに並んだデータを「商品」という縦軸で見る
・縦に商品ごとに並んだデータを「要因」という横軸で見る

前者でわかることは何でしょうか。

たとえば以下の2つの相関を取ると0.90という数字が得られます。この0.90が何を意味するのかを考えてみましょう。

	ビターチョコパイ	ショコラケーキ
総合評価	442	344
ブランド力	91	67
TVCM等メディア宣伝	20	11
パッケージデザイン	54	50
消費者キャンペーン、イベント	17	9
味	93	81
商品と価格のバランス	44	45
商品サイズ	70	48
ネーミング	61	68
リピート購入率	86	59
メイン顧客ターゲット設定	66	36
店頭販促物の充実度	25	14

これは

「ビターチョコパイとショコラケーキの要因のスコアの大小がよく似ている（一方でスコアが良い要因は他方も良い、もしくはその逆）」

ということです。しかし、この分析をその他の商品に広げても、「いかに総合点を上げるのか？」という課題を解決することには役に立ちそうにありません。

一方データを横軸で見る後者では、要因（と総合評価）間の相関を見ることになります。ところが、たとえば「味」と「ブランド力」の相関を闇雲に分析しても課題解決に結びつきそうにはありません。知りたいのは

・「総合評価」と「要因」がどのくらい関連しているのか？
・どの要因が「総合評価」に大きなインパクトを与えているのか？

だからです。この目的に立ち返れば、「総合評価」と各要因の相関を見てみればよいことがわかるでしょう。分析をしようとする際に

「あれっ？　相関は縦軸で取る？　それとも横軸で取る？」

というところにハマッてしまう人を多く見てきました。どちらを選ぶのが良いのか迷ったときには、分析に入る前に

「分析結果から何が読め、それが目的に貢献するのか？」

を考えてみてください。分析後のやり直しを防ぐことができます。

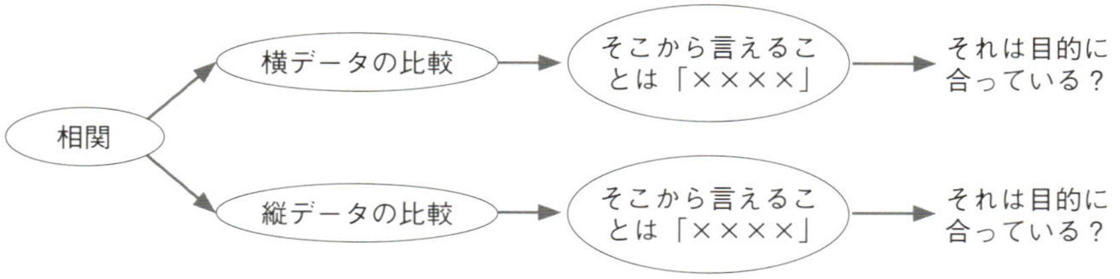
相関
横データの比較
そこから言えることは「××××」
それは目的に合っている？
縦データの比較
そこから言えることは「××××」
それは目的に合っている？

・ブランドは何からできている？

同じデータの中でも、「相関」を使って応用できる可能性を広げることができます。

たとえば、本ケースでブランド力を「結果」と見なせば、ブランド力を構成する要素を確認することもできます。先ほどの「総合評価」の分析を「ブランド力」にも適用すればいいのです。図はブランド力とその他の要因の相関係数です。

ブランド力	1.00
TVCM等メディア宣伝	0.89
パッケージデザイン	0.71
消費者キャンペーン、イベント	0.81
味	0.79
商品と価格のバランス	0.62
商品サイズ	0.70
ネーミング	0.47
リピート購入率	0.88
メイン顧客ターゲット設定	0.84
店頭販促物の充実度	-0.01

「リピート購入率」は先と同じく因果関係があいまいなため対象から外すと、その他では

・TVCM等メディア宣伝
・消費者キャンペーン、イベント
・メイン顧客ターゲット設定

が「ブランド力」との関連が強いことがわかります。「メイン顧客ターゲット設定」は「総合評価」へのインパクトが強い要因であることも先の分析でわかっているので、この要因へ働きかければ結果的に「ブランド力」にも「総合評価」にも効くことが確認できます。

この発想はその他の実務でも広く応用できます。

・一番大事な指標と相関が強い指標に着目する

「社内のKPI（Key Performance Indicator：パフォーマンスの効果を示す主要な指標）を決めたいのだが、何をKPIにしてよいのかわからず、

困っている」

という相談を以前受けたことがあります。よくよく話を聞いてみると、その人は、次のことで困っていたのです。

・一番大事な指標が直接測定できない（先の「ブランド」や「顧客ロイヤリティ」や「顧客満足度」なども同様）
・そもそもデータや指標の選び方や妥当性がわからない

そこで私が提案したのが、「一番大事な指標と相関が強い、他の指標に着目する」方法です。ここで紹介した

「その指標は使えるのか（取るべきアクションとつながっているのか）」
「複数の指標を選んだ場合、指標間に擬似相関がないか」

といったアドバイスもしました。

実際には、指標の候補となる数十種類ものデータを定期的に集めてモニターするには相当なコストが必要です。一方、実際に扱えるデータの種類は限られています。相関を使って優先度を決めて、指標を絞り込むのが現実的です。

社内のブランド教育が“ブランド大好き”につながらないのはなぜ？（データ羅列型）

今年も職場環境に関する社内アンケートの結果が出ました。全社をあげてブランド向上をリードする役目を負うあなたの部署は、多くの質問項目の中でも「あなたは会社のブランドにどのくらい自信を持っていますか？」の評価が今年も芳しくないことが気になります。

部署のおもな仕事は、従業員へのブランドの啓蒙／浸透を目的としたイベントを開催することです。

> 「社外のブランドイメージを高めるには、まず従業員一人ひとりが自社のブランドに自信を持ち、誇りを持って語れるようになることが不可欠」

という考えの下、会社のブランド戦略、ブランドコピー、ロゴを作る際の決まりなどを「理解」してもらうのはもちろん、有名クリエーターが手がけたイメージ映像を上映したり、役員がサプライズで登場するなどの演出により、良い雰囲気を作る工夫を凝らすようにしています。イベントには毎回多くの参加者が集まり、盛大に盛り上がりを見せるので、「成功している」と考えていました。

にもかかわらず、「売上の増加」や「認知度の向上」など、ブランド力が高まれば現れるはずの成果がいっこうに見えてこないのです。

アンケートは決してブランドだけに関連するものではなく、さまざまなヒントが隠れていそうです。どこから、どう手をつければいいでしょうか？

分析に着手する前に、全項目間の相関を一覧してみましょう（Excelでの操作法は本章最後のコラムを参照してください）。次ページの表中の数字は、縦軸と横軸のデータの相関係数を表します。

なお、雑多にならないよう、アンケート項目は必要なものだけを取り上げます。

	Q1	Q2	Q3	Q11	Q12	Q13	Q24	Q25	Q26	Q27	Q28	Q29	Q30	Q31	Q32	Q37	Q38	Q39	Q40
Q1	1.00																		
Q2	0.14	1.00																	
Q11	0.31	0.29	0.26	1.00															
Q12	0.87	0.25	0.22	0.33	1.00														
Q13	0.24	0.21	0.20	0.52	0.52	1.00													
Q24	0.19	0.24	0.20	0.26	0.24	0.26	1.00												
Q25	0.75	0.22	0.21	0.25	0.77	0.27	0.41	1.00											
Q26	0.34	0.27	0.24	0.38	0.36	0.38	0.37	0.39	1.00										
Q27	-0.29	0.26	0.24	0.34	0.32	0.31	0.32	0.32	0.58	1.00									
Q28	0.12	0.26	0.27	0.29	0.28	0.28	0.33	0.40	0.40	0.39	1.00								
Q29	0.38	-0.12	-0.08	-0.11	-0.09	-0.12	-0.15	-0.25	-0.16	-0.13	-0.18	1.00							
Q30	0.06	0.24	0.22	0.29	0.15	0.23	0.23	0.24	0.26	0.23	0.25	-0.11	1.00						
Q31	0.29	0.22	0.21	0.23	0.12	0.21	0.19	0.22	0.31	0.30	0.21	-0.07	0.25	1.00					
Q32	0.26	0.27	0.23	0.38	0.34	0.33	0.27	0.26	0.38	0.83	0.34	-0.13	0.33	0.27	1.00				
Q33	0.11	0.27	0.24	0.39	0.36	0.33	0.29	0.28	0.39	0.34	0.35	-0.14	0.29	0.24	0.55				
Q34	0.26	0.25	0.25	0.34	0.32	0.31	0.29	0.32	0.36	0.31	0.44	-0.15	0.28	0.21	0.45				
Q35	0.33	0.26	0.25	0.36	0.34	0.33	0.28	0.29	0.37	0.33	0.41	-0.13	0.26	0.21	0.44				
Q36	0.58	0.24	0.24	0.32	0.82	0.30	0.25	0.26	0.36	0.33	0.39	-0.12	0.22	0.20	0.39				
Q37	0.28	0.26	0.23	0.39	0.36	0.32	0.29	0.25	0.36	0.33	0.31	-0.10	0.30	0.22	0.41	1.00			
Q38	0.09	0.26	0.23	0.37	0.34	0.33	0.26	0.25	0.37	0.32	0.32	-0.10	0.29	0.81	0.43	0.53	1.00		
Q39	0.22	0.25	0.24	0.38	0.34	0.35	0.27	0.29	0.41	0.36	0.37	-0.17	0.27	0.24	0.49	0.50	0.52	1.00	
Q40	0.19	0.25	0.22	0.37	0.32	0.31	0.26	0.24	0.35	0.33	0.29	-0.08	0.30	0.22	0.41	0.49	0.46	0.48	1.00

・大きな相関係数を探す

まずはこの中から大きな相関係数を探し、項目同士のつながりを検証してみましょう。本ケースでは、関心事であるブランド関連の項目に軸を置くことにします。

まずは関心事に関連するQ1「あなたは会社のブランドにどのくらい自信をもっていますか？」に対して相関の強い項目に注目してみましょう。するとQ12とQ25が高い相関を持つことがわかります。

質問番号	平均評価	Q1との相関	質問内容
Q12	低い	0.87	あなたは自社の製品を強く知り合いに勧めたいと思いますか？
Q25	低い	0.75	あなたは会社方針の連絡事項を上司からいつも十分に受け取っていると感じていますか？

もちろん、相関が強くても因果関係があるとは限りませんが、この結果から次の可能性を推定できます。

・ブランドへの自信が高い人は、自社製品を積極的に知り合いに勧めているようだ
・会社の方針を身近な人から十分に説明してもらっている人は、ブランドへの自信も高まっているようだ

さらに芋づる式に、これら2つの項目と相関が強いものを探してみましょう。

Q25と相関の強い項目はQ12以外には確認できません。しかし、Q12との相関が高い項目として、Q36（相関係数は0.82）が見つかります。Q36の質問は「あなたは会社の業績向上に積極的に貢献したいと常に思っていますか？」です。つまり

・Q1　⇒　ブランドに自信があるか

・Q12　⇒　自社製品を他人に勧めるか
・Q36　⇒　会社に積極的に貢献したいと思うか

の3つは、行動パターンとして互いに関連し合っていると考えられます。
　これらを噛み砕いて解釈すると

「ブランドに自信を持つことは『製品の紹介』や『働く意欲の向上』といった、会社のパフォーマンスにとってポジティブな要素と関連している」

と捉えることができそうです。「高いブランド意識（自信）が会社のブランド力やパフォーマンスにポジティブな効果を与える」という仮説自体は、どうやらまちがっていないようです。
　次は、「そこにどのような要因が絡んでいるのか？」を調べる必要があります。

・弱い相関にも注目してみる

　新たな発見をしたい場合、強い相関だけでなく、本ケースの「ブランド」のようなキーワードを使って弱い相関にも注目すると、うまくいくことがあります。Q1と、「ブランド」や「イベント」といったキーワードが含まれている他の項目との関係も調べてみましょう。

質問番号	平均評価	Q1との相関	質問内容
Q31	高い	0.29	あなたは自社のブランドの考え方についてよく理解していますか？
Q38	高い	0.08	あなたは自社のイベントに積極的に参加していますか（したいと思いますか）？

　この結果から、「ブランドの理解」や「イベントへの参加」と、「ブランドへの自信」とは、必ずしも高い相関関係にはないことがわかります。つまり

「イベントに参加している人は、メッセージは理解しているものの、腹に落として納得できていないのではないか」

と推測できるわけです。だとすれば、この結果が目の前で起こっている現象を裏づけていると言えますね。

しかし、ただ現象をデータで確かめるだけでは意味がありません。現象の裏にもう一歩踏み込んで、その中身を確かめてみましょう。

あらためて40項目すべての結果をよく見てみると、Q31とQ38の相関がかなり高いものとなっていることが確認できます。つまり

「イベントに積極的に参加している人は、自社ブランドをよく理解している」

と言えそうです。

しかし、せっかく理解を高めてくれても、「理解していること」と「自信を持つこと」とは必ずしも結びついていません（相関が低い）。これまでみんなが漠然と抱いていた

「イベントが盛り上がっているのだから、ブランドが受け入れられているはずだ」

という仮説が成り立たないポイントがここに見つかったのです。つまり、いくらイベントを開催しても「社員にブランドへの自信を持ってもらう」という本来の目的には効果がなく、結果として社外にもブランドの認知を広めるには至らなかったと考えられます。

このように、「数値上の結果」を「言葉による解釈」に置き換えて考えてみると、ロジックを組み立てたり、仮説の検証をよりスムーズにできるでしょう。

・相関の強弱からとるべきアクションを提案する

ここまでの話を図で整理してみましょう。

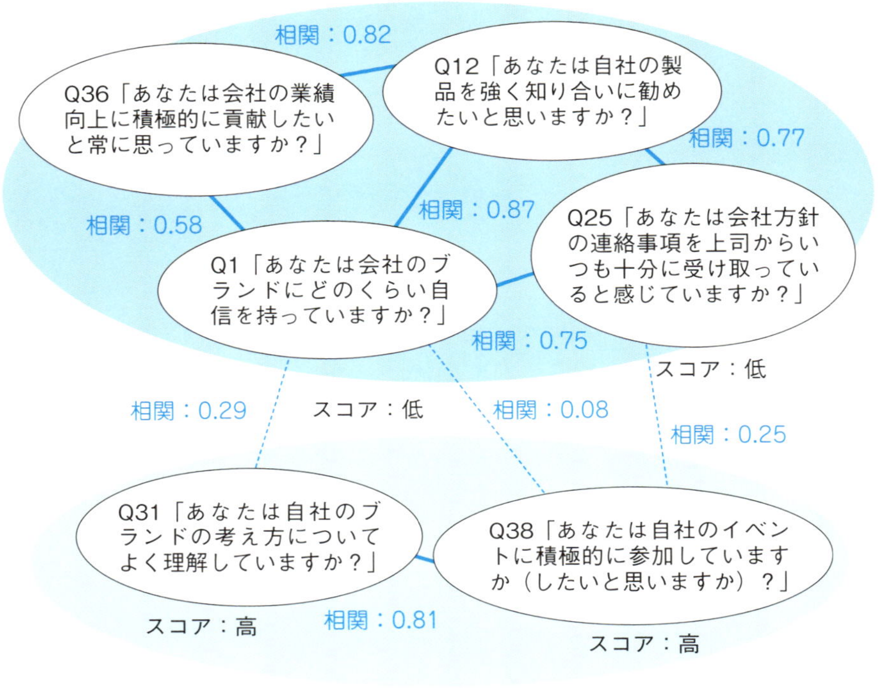
相関：0.82
Q36「あなたは会社の業績向上に積極的に貢献したいと常に思っていますか？」
Q12「あなたは自社の製品を強く知り合いに勧めたいと思いますか？」
相関：0.77
相関：0.58
相関：0.87
Q25「あなたは会社方針の連絡事項を上司からいつも十分に受け取っていると感じていますか？」
Q1「あなたは会社のブランドにどのくらい自信を持っていますか？」
相関：0.75
スコア：低
相関：0.29
スコア：低
相関：0.08
相関：0.25
Q31「あなたは自社のブランドの考え方についてよく理解していますか？」
Q38「あなたは自社のイベントに積極的に参加していますか（したいと思いますか）？」
スコア：高
相関：0.81
スコア：高

本事例で出てきた項目を、以下の線でつなぎました。

・相関が強いもの　⇒　太い実線
・相関が弱いもの　⇒　点線

相関が強いもの同士をグルーピングすると、上下色違いの楕円でくくった2つのグループに分けられます。

ここから得られるメッセージは何でしょうか？　それをまとめたのが以下の表です。

	わかること
上の楕円	ブランドに自信があることで、会社への貢献意識も高く、他人へ積極的に商品を勧めるようになる。つまり、ブランド意識を高めることが、会社の業績向上にもつながる（因果関係は仮説ではあるものの、常識から考えてさほど外れてはいないと思われる）。ブランド意識の高低差の要因として、上司からの会社方針の連絡の徹底度合いの差が挙げられる
下の楕円	会社のイベントに参加すればするほど、自社ブランドに対する理解度が高まる
上の楕円と下の楕円の関係	ブランドの理解が高まっても、それが必ずしもブランドの「自信」につながるとは限らない

以上から、提案するアクションの候補として、以下のようなことが検討できそうです。

・会社方針の伝達方法を見直してみる

⇒上司ごとに連絡の頻度や深さが違っていないか？

⇒どんな内容が、より自社ブランドへの自信につながっていると考えられるか？
（今までやってきたブランドを「理解」してもらうための活動では不十分）

・ブランド関連のイベントの目的をもう一度見直してみる

⇒ブランドの理解度はすでに高いので、理解を深めることよりも、ブランドをより身近に感じられるような事例を紹介したり、体験イベントを開催することなどを検討する

このように、複数の項目の関係性を手広く分析して結びつけると、単に問題の原因を特定できるだけでなく、つながりから発見したことを対策に活かせることがわかりますね。

ただ、この例のように複数のアイテムがネットワーク状につながってい

る場合には、擬似相関の影響もあり、１つ１つの相関係数の値の精度は期待できないこともあります。本例のように、大まかな傾向をつかむくらいに使うと良いでしょう。なお、本書では解説しませんが、このようなケースで因果関係も含めて分析する「**パス解析**」という専門手法もあります。

・組み合わせが多いときに作業を効率化するには

データ羅列型の場合、最初から特定の範囲に絞って分析するわけではありません。そのため、対象とする項目が多すぎると全体像が把握しづらくなってきます。たとえば20項目あれば、それぞれの組み合わせは190組にもなります。そのような場合

「相関係数の高い（たとえば0.7以上）ものだけに注目し、そこから導かれる解釈に絞る」

という、時間効率を優先するアプローチも考えてみるといいでしょう。

また、グルーピングも有効です。つまり、相関の高い複数の項目に着目し、相関が高くなる理屈が成り立てば、それらを共通のテーマで1つのグループにくくってしまうのです。

たとえば、以下の3つの項目に高い相関があったとします。

・賃金水準には満足している
・福利厚生制度のプランには満足している
・休みは取得しやすいと感じる

この3つを「現在の待遇への満足度」という言葉で1つにグルーピングすれば、全体の項目数を集約でき、より検証しやすくなります。

ただ、「相関が高い」というだけでグルーピングすると分析精度が落ちるので注意しましょう。少なくとも、その相関係数の高さに自分なりの正当性を持つようにしてください。

コラム　3つ以上のデータ相関を効率的に見るには

CORRELは2種類のデータ間の相関を算出するものでした。しかし、アンケートのように項目が多くある場合、それぞれの相関を1つ1つ個別に取っていくと作業量が膨大になってしまいます。

そんな問題を解決するために、すべての組み合わせを一度に算出してくれる方法があります。CORRELよりも一度に必要な操作は多少多いのですが、組み合わせの数に関わらず1回の操作で作業が済みます。私は「組み合わせが5つ以上の場合」を目安にこの方法を利用していますが、とても効率的です。

手順は以下のとおりです。

【STEP1】Excelツールバーの「ツール」の中から、「分析ツール」を選びます。

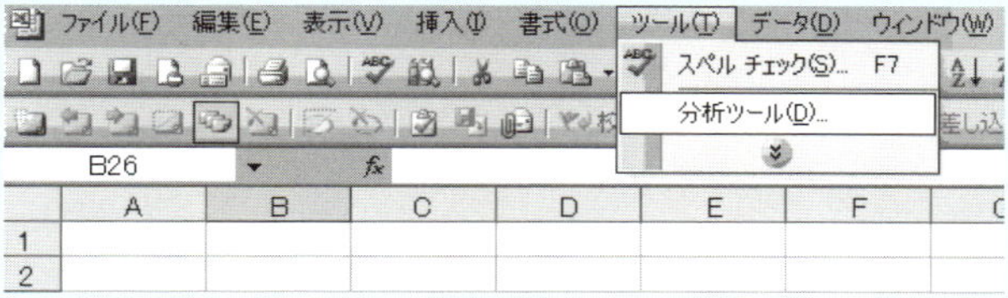

【STEP2】「分析ツール」の中から「相関」を選び、「OK」を押します。

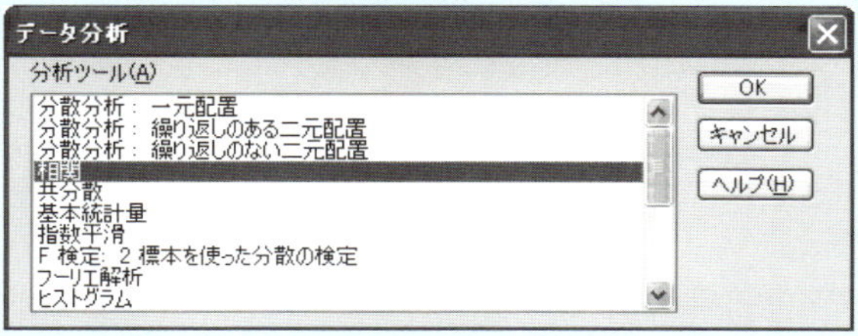

【STEP3】「相関」のウィンドウが開くので、対象となる範囲を「入力範囲」に指定します。

データが縦方向である場合は「列」、横方向の場合は「行」にチェックを入れてください。

なお、データの項目名の欄も入力範囲に含めて、選択肢「先頭行をラベルとして使用」にチェックを入れると、項目名もあわせて表示してくれて便利です。

【STEP4】「出力オプション」で結果を表示させる場所を指定します。

ここでは、遊園地のお客さん15人にアトラクションごとの評価スコアを10点満点で採点してもらい、集約したデータを使いました。

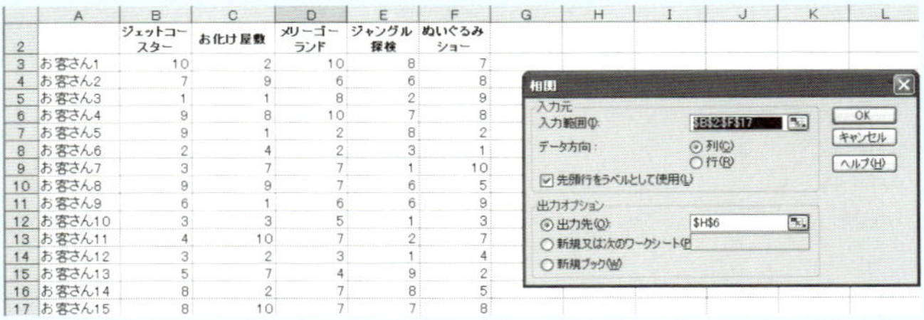

	A	B	C	D	E	F
2		ジェットコースター	お化け屋敷	メリーゴーランド	ジャングル探検	ぬいぐるみショー
3	お客さん1	10	2	10	8	7
4	お客さん2	7	9	6	6	8
5	お客さん3	1	1	8	2	9
6	お客さん4	9	8	10	7	8
7	お客さん5	9	1	2	8	2
8	お客さん6	2	4	2	3	1
9	お客さん7	3	7	7	1	10
10	お客さん8	9	9	7	6	5
11	お客さん9	6	1	6	6	9
12	お客さん10	3	3	5	1	3
13	お客さん11	4	10	7	2	7
14	お客さん12	3	2	3	1	4
15	お客さん13	5	7	4	9	2
16	お客さん14	8	2	7	8	5
17	お客さん15	8	10	7	7	8

すると、次のように、項目同士の相関係数がマトリックスで示されます。

	ジェットコースター	お化け屋敷	メリーゴーランド	ジャングル探検	ぬいぐるみショー
ジェットコースター	1				
お化け屋敷	0.18	1			
メリーゴーランド	0.37	0.26	1		
ジャングル探検	0.82	0.06	0.16	1	
ぬいぐるみショー	0.07	0.23	0.75	-0.11	1

この中で、たとえば相関係数が高い組み合わせに注目すれば

・「ジャングル探検」と「ジェットコースター」の0.82
・「メリーゴーランド」と「ぬいぐるみショー」の0.75

などが目につきます。1つの解釈（ストーリー）として、

「ジャングル探検やジェットコースターのような“ドキドキするアトラクション”が好きな顧客グループが存在しそうだ」

ということが導かれます。

また、「メリーゴーランド」と「ぬいぐるみショー」の相関が高いことから

「メリーゴーランドの近くでぬいぐるみショーを行えば、同じ嗜好のお客さんが簡単に集まるうえ、より満足してもらえるかもしれない」

という仮説も立てられることでしょう。

CHAPTER 5

第5章

あと500人お客を呼び込むにはいくら広告費が必要？

単回帰分析

相関でわからないことを知るには

たとえば、「広告宣伝費」をかければかけるほど「来店者数」が増える、つまり「広告宣伝費」と「来店者数」の間に強い相関があったことがわかったとします。その次には、こんなことが知りたくならないでしょうか。

・今度の週末にはXXX人のお客さんに来場したもらいたい。
　そのためには広告宣伝費をいくら使う必要があるのか？
・日曜日の午後には、平均的に150人の来場者が見込まれる。
　だが、あと30人多く来てもらうためには、いつもの予算にいくら上乗せすればいいのか？

そのようなときに便利なのが「**回帰分析**」です。

回帰分析とは、誰でも知っている言葉で言えば「数式」、つまり

A = 3 × B + 4

のように、AとBというデータの関係を数値で表現するための分析です。単純ながらも、

「Bをいくら変えたら、Aはいくら変わるのか？」
「Aという結果を出すためには、Bはいくら必要か？」

といった具体的な情報を示してくれる、強力な味方です。

本書では、「**単回帰分析**」、つまり「2種類のデータで行う」回帰分析のみを取り上げます。3種類以上のデータを扱う場合には「重回帰分析」というものを使いますが、煩雑になるので割愛させていただきます。

数式とグラフで表すには　～近似曲線

単回帰分析は、先ほど挙げた

A ＝ 3 × B ＋ 4

のように、かけ算と足し算による数式で表現します。すべてのデータがこのような数式を満たすためには、「相関係数が１」、つまり「お互いが完全な比例関係」にあることが必要です。

そして、もし横軸にデータA、縦軸にデータBを取り、それぞれ対応するポイントを点で表せば（これは散布図そのものです）、次の図のようにすべての点がその数式の上に完全に乗ることになります。

相関係数１の例

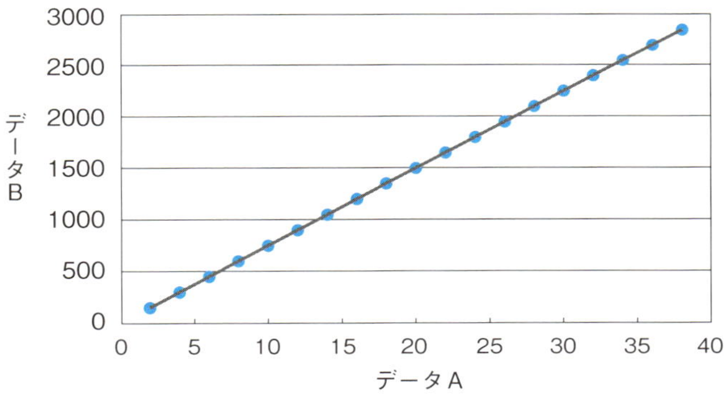

一方、実務で扱うデータでこのような完璧な比例関係があるものは少なく、散布図に示すと相関が強い場合でもある程度のバラツキがあります。

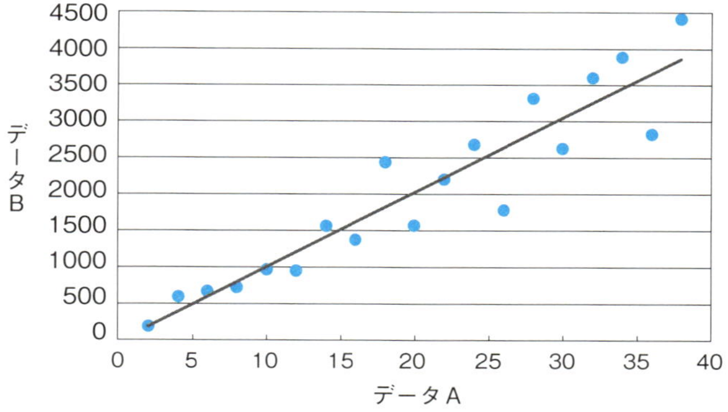

このような場合、回帰分析によってすべての点からの距離の合計が最も少なくなる（線と点のギャップが最小となる）直線が導き出されます。これを「**近似曲線**」と呼びます（ここで扱うのは直線ですが、曲線に当てはめる場合もあります）。

Excelの機能を使えば、この直線を表すY = aX + bという数式の算出と、近似曲線のグラフ上への表示とが同時に（しかも瞬時に）実現できてしまいます。

どれぐらいの精度ならば“つかえる”のか？　～R^2値

一方、いくら近似的な直線を引けても、その精度が何でも良いわけではありません。その精度を示す指標が**R^2値**（アール二乗値、「**決定係数**」とも呼ばれます）です。これは

「近似曲線で散布図上の各データをどの程度説明できるか」
「散布図上のデータがどのくらい近似曲線に近いものであるか」

を示し、

・値が小さいほどデータの点が近似曲線から離れている
・1だと横軸のデータと縦軸のデータは完全な比例関係にあり、すべての点が直線の近似曲線上にある

というものです。

じつはこの発想は、「横軸と縦軸にどのくらい相関があるか」と同じです。なぜなら、「相関がある」とは「比例関係にある（グラフ上では直線関係）」ことだからです。

そして、同一のデータでは、相関係数を単純に2回かけたものがそのまま決定係数になります。相関と単回帰分析はこんなところでつながっているのです。

実務で使うときに気になるのが

「では、決定係数はどのぐらいであれば、妥当な近似曲線が得られたと考えられるのか」

です。公式な基準はないものの、私の経験や多くの文献では、近似曲線でデータの特徴を説明するには

0.5以上

は必要と言われています。決定係数が0.5ということは、その平方根である約0.71が相関係数となるので、

相関係数では0.7以上のデータ

となります。

単回帰分析の3つステップ

実際の分析例を3つのステップに分けて見ていきましょう。

・(1) 相関分析を行う

前章で紹介した相関分析と同じ手順です。

たとえば、下記のように「広告宣伝費」と「来店者数」のデータが、「月」という軸で一対になっていたとします。このデータから得られた相関係数は、0.94という非常に高い値でした。

月	広告宣伝費（千円）	来店者数（人）
4月	3,004	2,295
5月	3,982	5,928
6月	279,284	20,399
7月	198,374	11,245
8月	10,492	4,567
9月	78,938	8,673
10月	70,293	6,394
11月	69,283	7,124
12月	54,900	4,958
1月	112,938	8,256
2月	116,823	7,982
3月	93,847	6,504

・(2) グラフ化する

Excelの「グラフウィザード」から「散布図」を選択し、「広告宣伝費」と「来店者数」のデータを選びます。

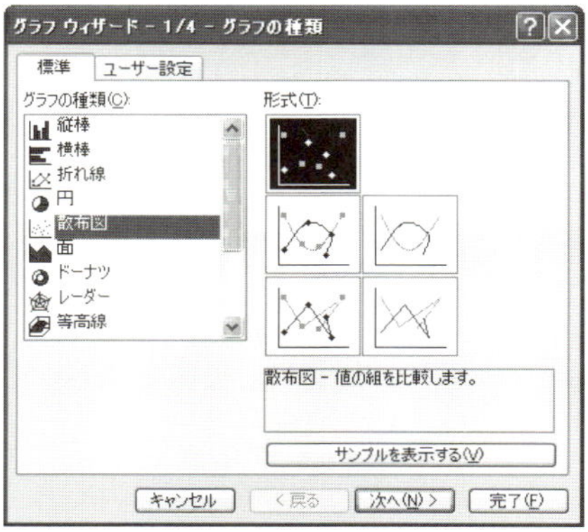

すると、下記のような散布図が表示されます。相関係数が0.94と高いので、縦軸と横軸がきれいな比例関係になっていることが読み取れますね。

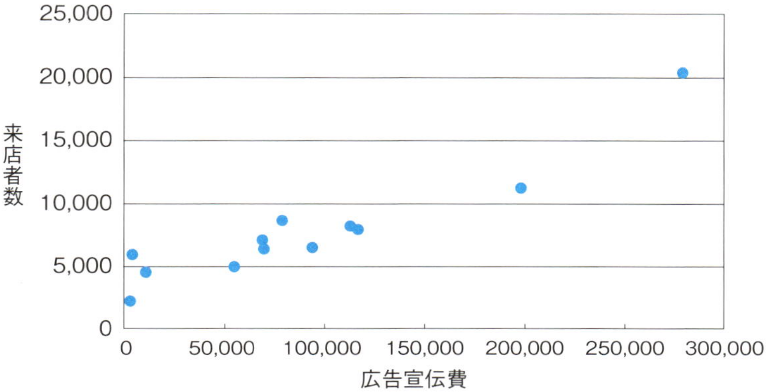

・(3) 単回帰分析を行う

散布図中のどれでも良いので、1つプロット（点）を選び、カーソルを合わせて右クリックします。

そして次のような表示から、「近似曲線の追加」を選択します。

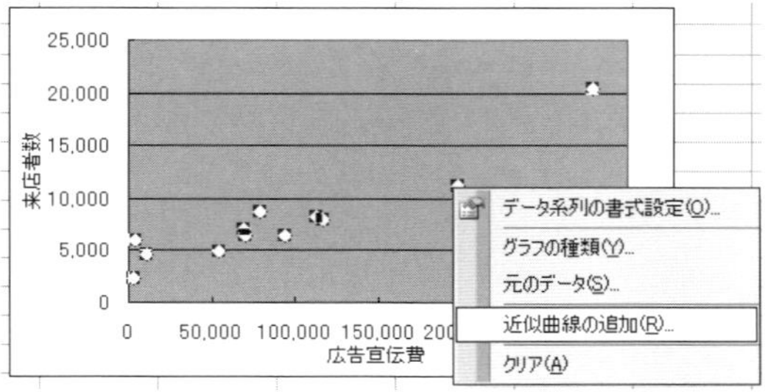

「近似曲線の追加」を選ぶと次のような画面が表示されるので、「種類」のタブで「線形近似」を選んでください（相関があると直線で表されるので“線形”と呼ばれます）。

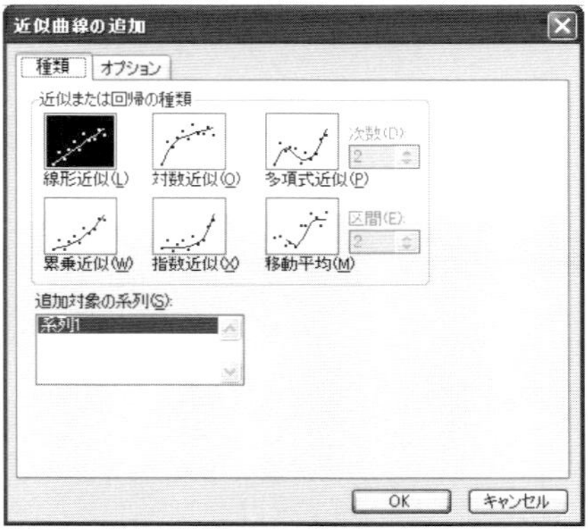

「オプション」のタブでは、次の2つのボックスにチェックを入れてください。

・「グラフに数式を表示する」
・「グラフにR-2乗値を表示する」

「グラフに数式を表示する」は言葉のとおり、グラフ上に近似曲線を表す数式（Y ＝ aX ＋ b）を表示させるためのものです。ここにチェックを入れなければ、近似曲線だけが表示されます。

「グラフにR-2乗値を表示する」は、決定係数R^2値をグラフ上に表示するためのオプションです。この係数を見ることで、求められた近似曲線（とそれを示す数式）が妥当であるか否かを判断します。

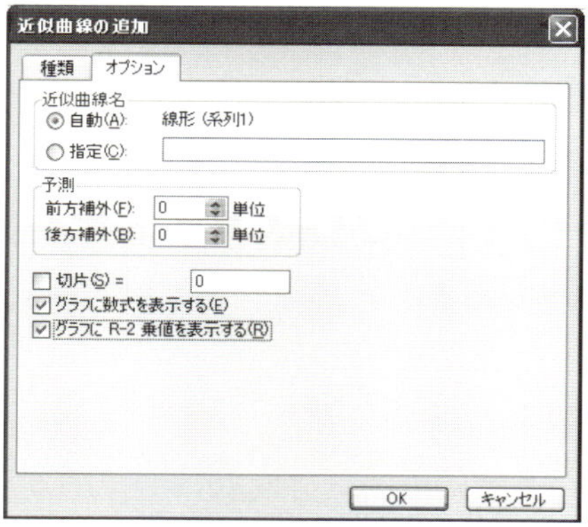

では、最終的に求められた結果を見てみましょう。

数式　⇒　$Y = 0.0525x + 3080$

R^2値　⇒　0.8746

R^2値も十分高い数値なので、この数式と近似曲線は、散布図上のデータの特徴を非常によく説明できていると考えられます。

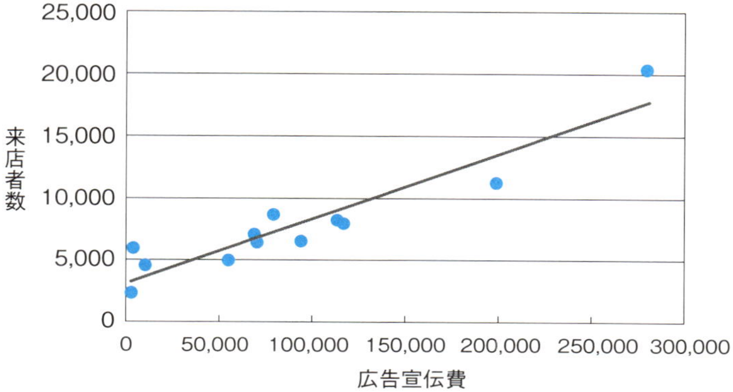

では、この結果から読み取れることを考えてみましょう。
YとXを、それぞれデータの名前に置き換えてみます。

来店者数（人）＝ 0.0525 × 広告宣伝費（千円）＋ 3080

ここで注目すべき点は、広告宣伝費という「金額を示すデータ」と、来場者数という「人数を示すデータ」、それぞれ単位の違うデータ間の関係を1つの数値で表しているところです。それぞれのデータだけを見ているだけでは、単位も異なる独立したものに見えますが、回帰分析を通じて1つに結びつけられたのです。

「1000円かけると、0.0525人増える」から導ける3つのこと

来店者数（人）＝ 0.0525 × 広告宣伝費（千円）＋ 3080

この結果を使うと、どんなことがわかり、実務に役立てることができるのでしょうか。答えは次の３つです。

・（1）費用の効果を把握する

Y ＝ aX ＋ bのa、すなわち「傾き」に着目しましょう。このケースでaの値（0.0525）は

「1000円あたり0.0525人の来店者を買える」

と読み変えることができます。人間なので整数にすると、100,000（十万円）あたり、5人強の追加来店者を買えることになります。これが、このケースでの「広告宣伝費の費用対効果」になります。

この出費が妥当か否かは、ビジネスの目的や費用の許容度などによって異なります。しかし、このように数値化することで効果の大きさを把握することができます。

・(2) 逆算して予測する

想定する（もしくは目標とする）来店者数がある場合、そのために必要な広告宣伝費を割り出す（逆算する）ことができます。

来店者数（人）＝ 0.0525 × 広告宣伝費（千円）＋ 3080

の「来店者数」に目標数を入れ、広告宣伝費について方程式を解けばよいのです。

イベントを企画し、必要な費用を割り出す場合などは、この数式を使って予算を見積もることもできます。たとえば10000人の来店者数を目標とする場合、

10000 ＝ 0.0525 × 広告宣伝費 ＋ 3080

から、必要とされる広告宣伝費は約131,810（千円）と算出できます。

まったくよりどころがないところで勘に頼って「えいやっ！」と予算を決めてしまうことに比べれば、過去の実績データを使った分析に基づく数値は、はるかに強い説得力を持ったものとなることでしょう。

・(3) 要因によらない結果を見極める

このケースでは「広告宣伝費」を要因として、「来店者数」を結果と考えることができますが、ためしに「使う広告宣伝費はゼロ」と想定してみましょう。実際にはこんなことはしないでしょうが、シミュレーションは簡単です。数式の「広告宣伝費」にゼロをインプットすれば、来店者数は3080人となります（数式の一番右の項です）。これは

「まったく広告宣伝費を使わなくても、広告とは関係なく3080人は来店する」

という“理論値”です。理論値なので現実との誤差は考えられますが、「本当に広告宣伝費を使う必要があるのか？」を検証するには良い指標になります。つまり

「3080人を超える来店者が不要なのであれば、宣伝費を使わなくていい」

と理論上言えるのです。それでも使っているとすれば、過剰な出費である可能性があることがわかります。

散布図をうまく単回帰分析につなげるコツ

散布図を作るときのコツでも触れましたが、2つのデータのうちどちらを縦軸に取るかは、見た目だけの問題ではなく、問題の捉えやすさを左右する重要なポイントです。というのも、グラフを見たときに、多くの人がそこに表されている「高さ」を「結果」と捉えるからです。そして、その結果を構成する要因が横軸に並ぶのが普通です。

これを数式のイメージに当てはめれば、以下になります（もちろん結果と要因だけの関係がすべてではありませんが）。

（結果：アウトプット）＝ a ×（要因：インプット）＋ b

横軸を「変数」と捉えて、縦軸（高さ）にその「結果」が表れると考えればよいのですが、これをはき違えると、とてもわかりにくく使いにくい散布図となってしまいます。

たとえば次のグラフはまったく同じデータを示しているのですが、どち

らが見やすい（＝直感的に説明、理解しやすい）でしょうか？

　また、どちらがより具体的なアクションと結びつけやすいでしょうか？

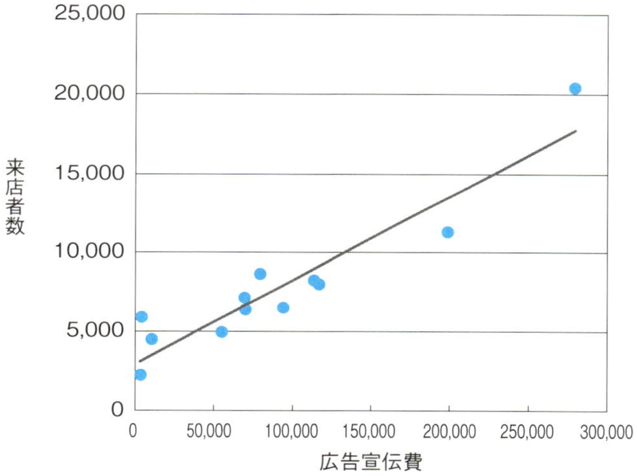

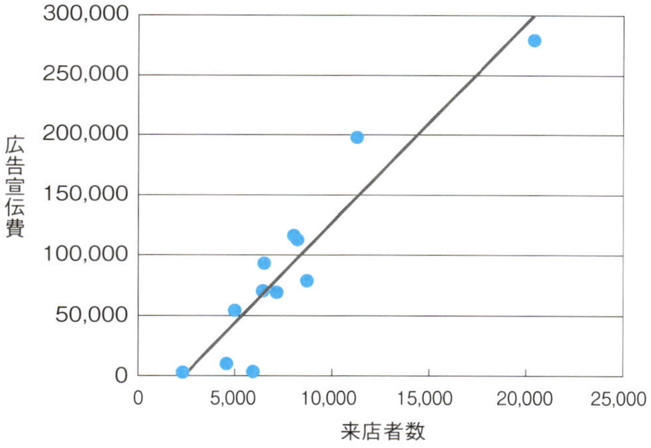

「広告宣伝費を『要因（変数）』として変化させると、その大きさに従って来店者数という『結果』が変わる」

と考えれば、最初の図のほうが関係を捉えやすいと感じるのではないでしょうか。

ポイントを整理しておきましょう。

・縦軸

⇒「結果」や「目的」、「課題」というキーワードに当てはまるデータ（変数）

・横軸

⇒縦軸の結果につながる要因データや、自分でコントロールできる（＝アクションにつながる）データ

【例】来店者数を直接コントロールできなくても、広告宣伝費は（お金があれば）自分でコントロールできる

これを意識しながら散布図を作るようにすれば、ムダな混乱も避けられることでしょう。

「相関」と「単回帰分析」の関係を整理する

相関分析と単回帰分析の考え方にはつながっている部分が少なくありません。図にいくつかの視点で両者を比較してみました。

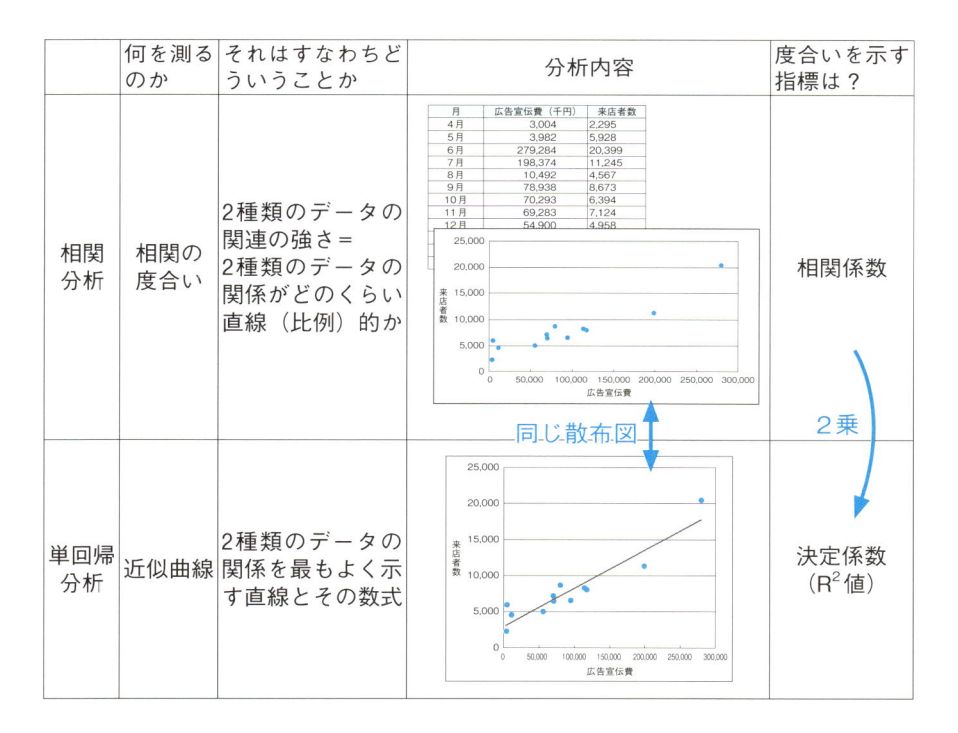

<table>
<tr><th></th><th>何を測るのか</th><th>それはすなわちどういうことか</th><th>分析内容</th><th>度合いを示す指標は？</th></tr>
<tr><td>相関分析</td><td>相関の度合い</td><td>2種類のデータの関連の強さ＝2種類のデータの関係がどのくらい直線（比例）的か</td><td>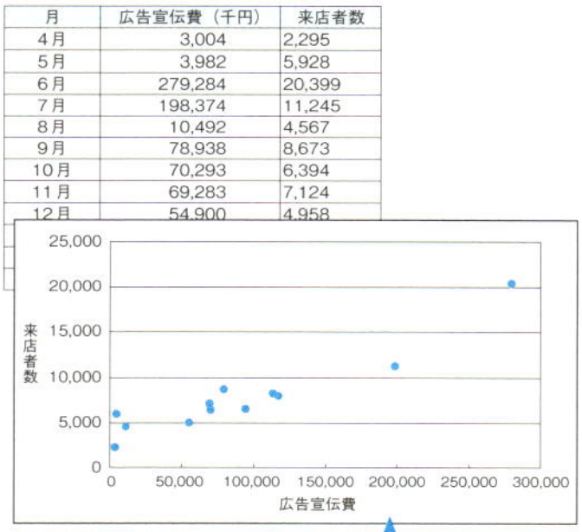
<table>
<tr><th>月</th><th>広告宣伝費（千円）</th><th>来店者数</th></tr>
<tr><td>4月</td><td>3,004</td><td>2,295</td></tr>
<tr><td>5月</td><td>3,982</td><td>5,928</td></tr>
<tr><td>6月</td><td>279,284</td><td>20,399</td></tr>
<tr><td>7月</td><td>198,374</td><td>11,245</td></tr>
<tr><td>8月</td><td>10,492</td><td>4,567</td></tr>
<tr><td>9月</td><td>78,938</td><td>8,673</td></tr>
<tr><td>10月</td><td>70,293</td><td>6,394</td></tr>
<tr><td>11月</td><td>69,283</td><td>7,124</td></tr>
<tr><td>12月</td><td>54,900</td><td>4,958</td></tr>
</table>

同じ散布図</td><td>相関係数
2乗</td></tr>
<tr><td>単回帰分析</td><td>近似曲線</td><td>2種類のデータの関係を最もよく示す直線とその数式</td><td>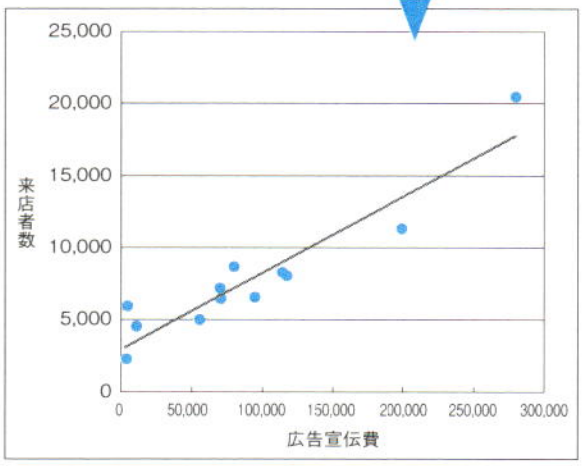
</td><td>決定係数
（R^2値）</td></tr>
</table>

特に注目していただきたいのは次の点です。

・いずれも散布図を使う
・「相関係数」を2乗したものが、単回帰分析での「決定係数（R^2値）」になる私は散布図を描いたり相関係数を求める際には、多くの場合、もうひと手間かけて、単回帰分析までやってしまいます。この「ひと手間」もExcelでほとんど瞬時にできますし、2つの関係を「数字で」できるだけ具体的に示したほうが使い勝手が良いことが多いからです。

相関 ⇒ グラフ化 ⇒ 単回帰分析

この3ステップを、2種類のデータがあればいつでも使えるようになれば、とても大きな武器になります。ぜひ身の回りのデータなどで気軽にトライしてみてください。

コラム 重回帰分析の難しさ

本章では2種類のデータに限定した"単"回帰分析について紹介しましたが、世の中は2つの変数だけで説明できるほど単純ではないことも少なくありません。相関や単回帰分析は、それ以外の変数の影響にはとりあえず目をつぶり、インパクトが大きいと思われるものに絞ることで物事を単純化する手段です。

変数が3つ以上の場合は、"重"回帰分析という分析方法があります。重回帰分析を行う機能もExcelに標準搭載されてはいますが、その操作方法や解釈は「単に変数が増えただけ」とは思えないほど複雑になります。信頼できる分析結果を得られることが難しくなり、より多くのトライアンドエラーが必要となります。ビジネスの上でも、より専門的な分析を行うエキスパートなどが活用する場面に出会うことがありますが、それ以外の人が使いこなすようになるには、それなりに経験と時間が必要だと感じています。

もし詳細を知りたいようでしたら、拙著『Excelで学ぶ意思決定論』（オーム社）などを参照してください。

CHAPTER 6

第6章

数字の裏にある意味を考える

なぜ同じデータから反対の結論が出るのか

「客観的に分析したはずなのに、結論に悩んだりもめたりする」

実務でデータ分析をすると、この状況に何度も遭遇します。

なぜこのようなことが起こるのでしょうか？

それは、分析は「結果」を出してはくれますが、「結論」は出してくれないためです。たとえ正しく分析したとしても、分析結果を解釈し、結論を出すのは、結局「人」です。人が解釈する以上、結論に影響する余地が残るのです。

たとえば、同じ商品の売れ方が販売価格の違いでどのように変わるかを回帰分析により表した次のグラフを見てください。「販売価格」と「販売個数／店・日」の間には、データから「-0.59」という相関係数が得られました。みなさんはこの分析結果から、どのような結論を出しますか？

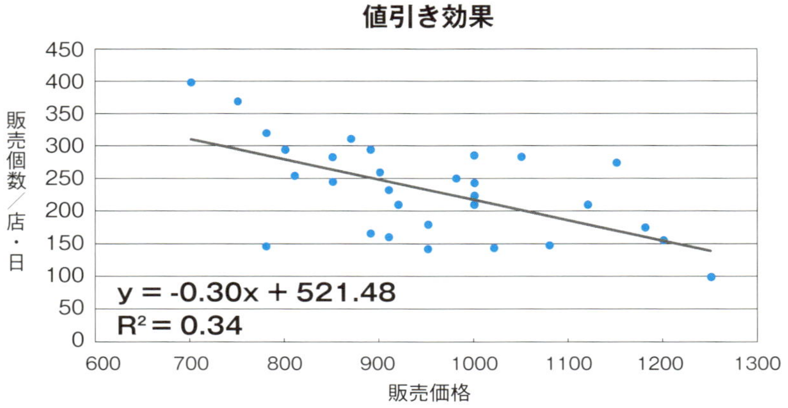

「-0.59は決して大きな相関とはいえないが、グラフから右肩下がりの傾向が見られる。価格が高いほうが売れ方が鈍るのは常識だから、この商品もやはり価格と売上には関係がある」

と考えるかもしれませんし、以下のように反論したくなるかもしれません。

「-0.59は『相関あり』と判断するには十分な大きさでない。グラフをみても、回帰分析で得られた直線では説明が難しいところがある。価格以外にもっと注目すべき要素があるのではないか？」

同じデータの分析結果を見ているにも関わらず、違う結論が出てしまうのです。

同じデータで違う結論が出るときの2つの対処法

同じデータで違う結論が出てしまうとき、次の2つの手を検討してみると効果が出ることがあります。

・（1）データの範囲を広げる

他地域（店舗）の同様のデータ、期間をずらした（広げた）データなど、データの範囲を広げる可能性を探ります。データの数が増えることで、分析の精度を上げながら、より判断しやすい結論が得られるかもしれません。

ただし、精度は上がっても結論がよりはっきりする保証はありません。むしろ、データの多様性が増え、結論がよりぼける可能性も残ります。

逆にデータの数を減らす場合には要注意です。現状よりも結論を出しやすい結果となるかもしれませんが、分析精度は下がります。もし結論が欲しいがために意図的にデータを減らすようなことがあれば、“分析操作”ともなりかねません。

ただ、後述する「**外れ値**」が含まれていることで、結論が明確にならないこともあります。その場合には「外れ値」を優先的に範囲外として検討するのが効果的です。

・(2) 定性情報で補完する

それ以上のデータが入手できない場合、もしくは前述の(1)の対策でデータを増やした結果かえって結論がぼけるような場合には、データ以外の定性的な情報と組み合わせ、合理的な結論を出し、関係者で合意するのが効果的です。

たとえば「顧客アンケート」や店長へのヒアリングなどにより、購入要因の中で「価格」の優先度が高いことがわかれば、分析結果の有力なバックアップとなることでしょう。

100%の正解を狙うのは難しいことです。ただ、より客観性を持ち、バイアスをできるだけ排除した分析を目指すためにも、目をつけるべきところはしっかり押さえておきたいものです。

分析結果から導かれる結論がゆらぐのは、なにも自分が分析するときだけに限りません。

「結論を早く明確に得たい」
「自分の信念に近い結論を得たい」

という気持ちや焦りが、分析者に大きなバイアスをかける危険性があります。そのポイントを理解しておくことは、「正しく客観的に判断するために」自分が分析者であるときだけでなく、他者の分析を見るときにも求められるものです。

自分の分析結果へのチェックとして、また他者の意図的／非意図的なバイアスを見抜くために役立つポイントは4つあります。次項から1つずつ見ていきましょう。

飛びぬけたデータの意味を考える～外れ値

1つ目は「**外れ値**」です。外れ値とは文字通り「その他多数から大きくはみ出した値」のことです。どのくらいはみ出したものが「外れ値」なのかに定義はありませんが、散布図などグラフで可視化すると、一見して「その他とは違う」もの（点）が見つかることがあります。外れ値が極端な値を持つほど、データ全体の傾向をぼやかしてしまいかねません。

分析する側としては、“余計なゴミ”のように外れ値を取ってしまいたい衝動に駆られるでしょう。しかし、そのようなときこそ慎重に対応しなければなりません。その他のデータとは明らかに前提や条件が違う中で得られたものなのか否か、以下のようにその外れ値の「意味」を考えてみてください。

- 天候や気温、時間などがそのデータだけ特異であった
- 自分（自社）の条件は同じだったが、競合他社がそのデータを入手した時に特別なことを行っていた
- そのデータのみデータを取得する人が異なり、理解や習熟が不十分であるがゆえの誤りがあった

結果的に、特別扱いする合理的な理由がなければ「外れ値」はそのまま残すべきでしょう。

先と同じ例で見てみましょう。次の図の場合、外れ値“候補”として、黒のデータが目につきます。

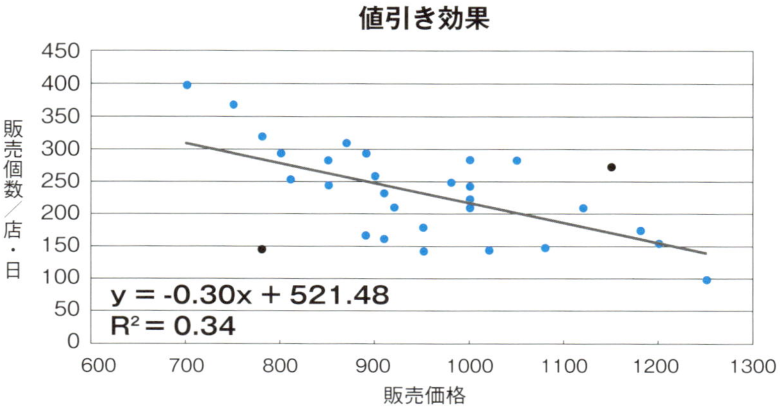

この2つの外れ値を除外する合理的な理由の有無を確認してみます。たとえば、次のようなことがわかるかもしれません。

・左下の外れ値は、他の店舗と立地条件が著しく異なるため、比較データとしてふさわしくない
（値段を下げても、そもそも来客や販売が増える立地ではないなど）

・右上の外れ値は、同時に他の商品のキャンペーンをやっており、その影響で客足が有意に増えた影響が大きいと考えられる。一過性のものなので、その他のデータと比較するには必ずしも適切でない

上記を考慮し、これらの外れ値を除外して再度分析した結果、次のようによりシャープな結果を得ることができました。相関係数も-0.73（R^2値は0.54）に変化しました。

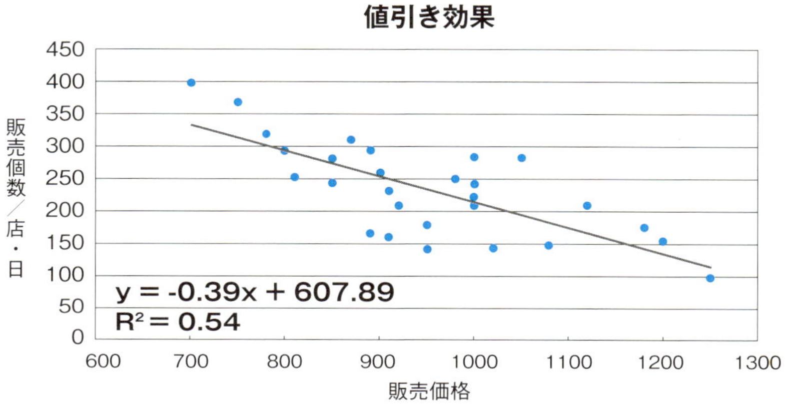

繰り返しになりますが、「より明確な結果を得るために」外れ値を外すのは本末転倒です。しかし、合理的な理由により外れ値を外すことで、より一貫性の高い分析結果が得られることはあるのです。

データの穴を勝手に埋めない～人は因果関係をつけたがる

「ストーリー」のある分析結果には説得力があります。たとえば

「CO2が増えれば、地球の温暖化が進むことが分析の結果判明した。したがって、CO2の排出を15%減らせば、温暖化を防ぐことができる」

というように、原因と結果が明確に（理想的には定量的に）確認されたストーリーはだれにとってもわかりやすく、受け入れられやすいものです。

しかし、これは「本人も他人も納得しやすい」という点で魅力的なだけに、なおさら気をつけなくてはなりません。相関関係を見つけるとすぐにそこに因果関係のストーリーを創り上げてしまったりします。第4章でも述べたように、相関分析ではデータ間の因果関係までは表すことはできな

いにもかかわらず、データが語っていない部分を“勝手に埋め合わせてしまう”のです。

完璧な処方箋はないものの、因果関係の有無を検証する視点をいくつか紹介します。

・時系列

⇒結果は原因の「後」に来る。結果と原因を表すデータの動きを見て、その逆が起こっていれば因果関係は成り立たない

・一般性

⇒時間や場所、その他の条件を変えても同様の結果が得られる場合は、因果関係が成り立っている可能性がある（ただし、因果の方向まではわからない）

・閾（しきい）値

⇒原因となるデータがある一定の値（閾値）を超えたときに、結果データが反応する場合は、因果関係が成り立っている可能性がある

・常識／合理性

⇒その他広い社会の常識や、自分の広い知見、経験などから十分な説明がつく場合も、因果関係を証明する1つの手段となる

これらを組み合わせて因果関係の有無を検証すれば、より合理的な結論を導くことができるでしょう。

また、2つのデータ間の因果関係が証明できたとしても、第3の要因が介在している「擬似相関」の有無を疑ってみることも必要です。とにかく

「安易に結論に飛びつかない」

「一度は結論を疑ってみる」

というマインドを持ち、常日頃から身の回りの情報に接するとよい訓練になるでしょう。

データの範囲に注意する

同じ情報源からのデータでも、データの「どの範囲」を採用したかによって分析結果が変わります。

たとえば、ある作業に関する訓練の日数と、アウトプットにおける記入ミスの件数の関係を示す、次の散布図を得たとします。

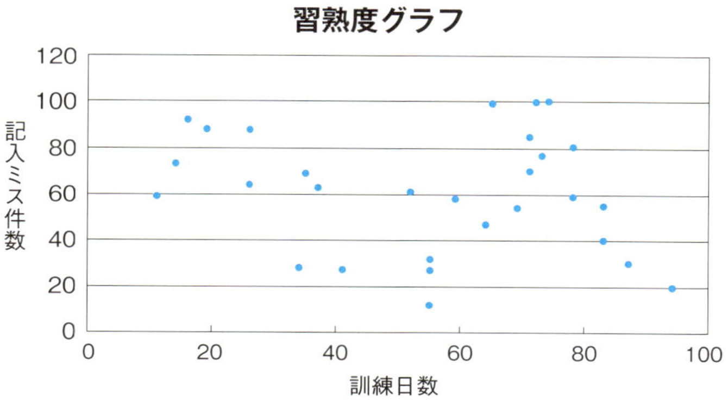

「両者の間に一定の相関がある」という仮説のもとに、「訓練すればするほどミスは減り、現在の訓練の効果を実証する」ことが目的であったとすれば、それを証明するにはとても堪えない結果です。相関係数も、-0.24という値だったとします。

では、この結果をもって「現在の訓練には効果がない」と結論づけるのは正しいのでしょうか？

扱うデータ（情報源）も、分析の手法もまちがっていないため、その結論を否定するのは難しそうです。

ところが、この散布図の右端の部分に注目してみてください。訓練日数が70日あたりからは右肩下がりになっている傾向が確認できますね。この部分だけを範囲として取り出し、散布図にすると次のようになります。

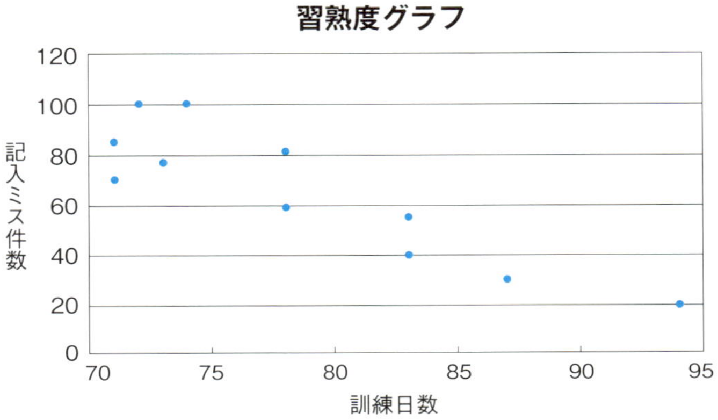

この範囲での相関係数を見ると、-0.89という大きな値が得られます。

このケースでは、一部を切り取ってしまったため、一般論を断じるには決してサンプル数が十分とは言えません。しかし、少なくとも次のことが言えるでしょう。

「訓練の効果が現れるには、一定期間訓練を続ける必要がある。おおむね70日間訓練したあたりから、記入ミスが比例的に減少する形で効果が現れてくると思われる。より精度を高めるために、さらに多くの結果をモニターしながらも、まずは一定期間訓練を継続することが望ましい」

このように、同じデータをどの範囲で切り取るかによって大きく異なる分析結果になり得るため、分析者は「どのような理由でそのデータの範囲を決めたのか」を意識しておかなければなりません。「何も考えずに入手できたデータをとりあえず全部使ってみる」というのは危険なことです。

裏読みすれば、恣意的にデータの範囲を定義し、思ったとおりの結論に導くことができるケースもあります。

その他よく見られる例として、折れ線グラフで基点となる時点の値を100と置き、その後の変化をその100に対する相対値で表すときには、どの時点を基点とするかで視覚的インパクトの違いが顕著に現れます（特に増減を繰り返すような変化の場合、小さな基点のタイミングの差で増加にも減少にも見えたりします）。これもデータの範囲のスタート地点（基点）をどこにとるかによって見え方が大きく変わる一例です。

ここで気をつけるべき「データの範囲」には

・分析に使うデータ全体の範囲
・どの細かさ（単位）でデータを区切って分析するか

という2つの視点があります。たとえば同じ範囲のデータでも次のように、区切る単位の違いで訴えるメッセージや印象が大きく変わります。

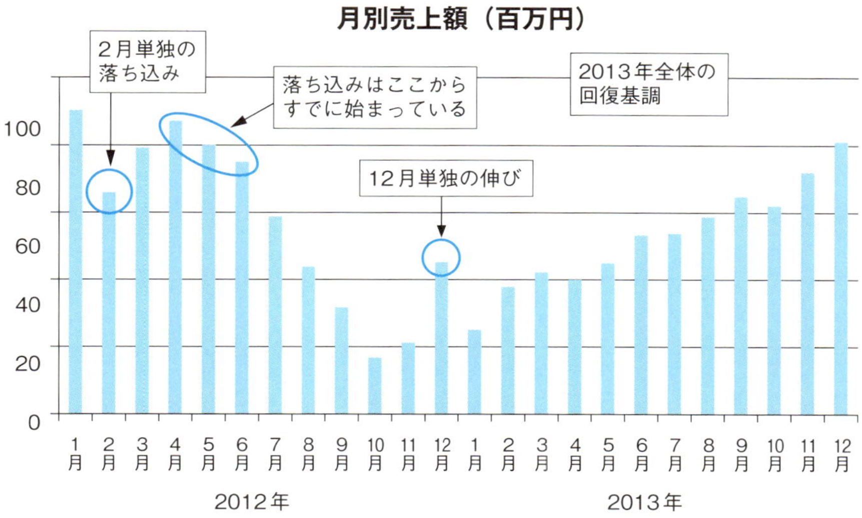

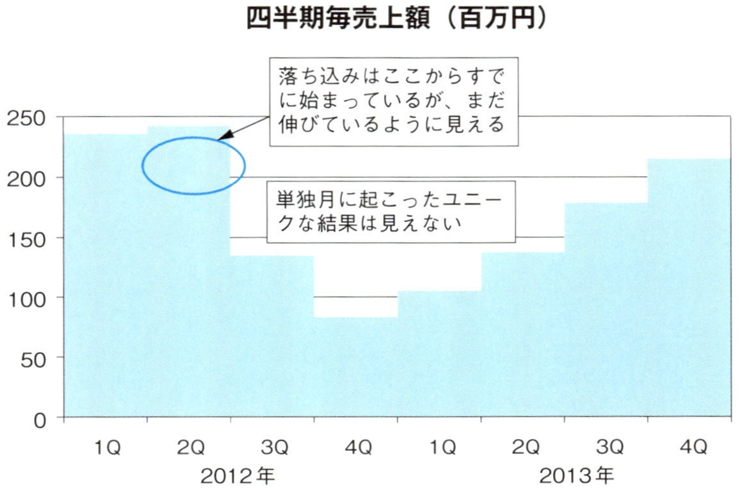

月ごとのデータでは、トレンドの変化点や特殊な結果を出した月をより詳細に特定できます。区切る単位をより広く取れば、全体の傾向をより大まかに捉えることができる一方、細かいレベルの情報は後ろに隠れてしまうのです。

もちろん分析結果の用途や目的により、「何でも細かくすればよい」とは言えません。そこで私は

「一段細かく検証し、一段戻してシンプルに全体を見せる」

というポリシーに従っています。つまり、目的のために必要と思われる単位よりも一段細かい単位で分析し、特に大きな情報が隠れてしまわないことを確認した上で、元の一段広い単位でプレゼンするようにしているのです。

仮説が真実を遠ざけていないか疑う〜思い込みの落とし穴

分析に必要となる仮説とは

「きっとAAAはXXXであるはずだ。だからそれを分析によって確認しよう」

という、分析の目的（ゴール）設定そのものになります。この仮説がないと「何を検証するのか」という目的（ゴール）が何かもはっきりしないため、「分析のときに仮説を持つことは重要」なのはまちがいありません。

しかしその反面、注意すべき点もあります。それは、分析の目的は次の2つのどちらなのかを認識することです。

・客観的に仮説を検証すること（仮説が成り立たなければ、当然別の仮説を作り直す）
・結論ありきで、それを正当化するための材料を分析によってそろえること

「自分の思い込みで仮説を作り、気づけばその思い込みを正当化するためのデータで都合よく分析していた」

そんなことは（本人に悪気がなくても）あり得えます。そして最初の思い込みが強いほど、その結論にハマらない都合の悪いデータや分析を無意識に遮断してしまいがちです。「見ているのに見えていない」状態になってしまうのです。そこからさらに、その遮断によって生じたロジックの穴を自分で作り上げた理由で穴埋めしたり、違う分析を持ってきて強引に結びつけてしまったりもします。

本来、自分の仮説と違う結果が出れば、それはそれで（分析をしなければ見えなかった）価値ある情報です。しかし、自覚していても、仮説を練り直したり、さらに深く考えたりする面倒臭さやその他の思惑などがあり、「仮説に合った結論を支持してしまう」こともあるでしょう。また、後から結果だけを見せられた人には、なかなかその過程まで見通せないため、問題が気づかれにくいのです。

単純な処方箋はありませんが、少なくとも

「なぜXXXのデータは使わなかったのか」
「なぜYYYの範囲に絞ったのか」
「ZZZの分析手法は試してみたのか」

など、結果の裏にある前提を問いただしてみる習慣をつけてみてください。自分が分析をする際にも、だれかの分析結果を確認するときにも有効です。

本当に“使える”結果か見極めるための問いかけ

分析に入ると「何とか分析結果を出そう」と思ってしまいます。必ずしも毎回明確な結果が出るわけではないので、高い相関係数が出たり、精度の高い回帰分析ができたりすると、それなりに達成感を感じることでしょう。

しかし、そんなときこそ、「なんのための分析だったっけ？」と思い返してみてください。

たとえば「イベントの回数」と「その月の売上」に強い相関があるとわかったとします。「イベントの回数を上げましょう」という結論を持っていったとして、必ずしもそれが最優先される選択肢になるとは限りません。なぜなら、コストや時間、スタッフのスキルや習熟度など、分析では考慮されなかった制約条件などがあるからです。また、そんなことは分析を待つまでもなく、だれでもすでにわかっている結論かもしれません。

分析の結果だけを追いかけていると、このような点への意識が薄れがちです。せっかくの分析結果が正しいにも関わらず、結果的に実務では“使えない結果”となってしまうのでは残念ですね。もう1つ高い視点を加えてより“使える分析”にするために、次のような項目をチェックするよう心がけてみてください。

- 分析にはどのような前提が含まれていますか？
- 分析結果を実務で使うときにはどのような条件や制約がありますか？
- その条件下では結論がどう変わりますか？
- 分析による結論が、今の条件を変更するだけの効果（メリット）があると言えますか？
  （たとえば「それ以上の効果が見込めれば、追加予算を計上してでもやるべき」という結論があってもいいわけです）
- 条件が不明なときは、複数の結論（できれば優先順位をつけて）を用意できますか？
  （条件が明確になった時点での最終判断に備える）

CHAPTER 7

第7章

より効果的にデータとつきあうには

分析上手は「仮説づくり」の達人

ある人が1時間データと格闘してやっとたどりついた結果に、15分でたどりついてしまう人がいます。その違いはいったいどこにあるのでしょうか？

次の2つのアプローチの違いを考えてみましょう。

・全方位型分析

⇒目の前のデータをとりあえず色々な分析手法で分析する

・仮説検証型分析

⇒仮説を作り、その検証に必要なデータを集めて、最適な手法で分析する

ここまでの章でも述べてきましたが、次のようにそれぞれ一長一短があります。

	メリット	リスク
全方位型分析	分析前には思いもよらなかった結果を発見する可能性がある	無駄な回り道を繰り返す可能性がある
仮説検証型分析	分析の目的が明確であるため、ゴールをブラさずに効率的・効果的に分析を進めることができる	強く偏った仮説を持ってしまうことで、バイアスのかかったデータを選んだり、結果を恣意的に読み取ってしまう

それでも、私は仮説検証型の分析を優先することをおすすめします。適切な仮説を持つことのベネフィットのほうが、リスクを大きく上回るケースのほうが多いと考えるからです。

たとえば分析前の情報（データ）集めのとき、「何を確認しなくてはい

けないか」が仮説によってはっきりしていれば、「そのためにどんなデータが必要か」は必然と明確になります。ここが明確であればあるほど、分析作業は無駄なく進められ、本当にほしい情報にいち早くたどりつくことができます。

そして、多くの場合、分析の最終的な目的は「単に過去の傾向や事実を知る」ことではなく、分析結果に基づいて「将来の行動を決める」ことにあります。最終目的から考えれば、分析とは将来の行動を決めるための「質（精度）の高い仮説づくり」に他なりません。

つまり、より効率的・効果的に分析するための仮説づくりと、分析結果に基づいた質の高い戦略（将来に対する仮説）づくりができることが、「分析の達人」に求められることなのです。

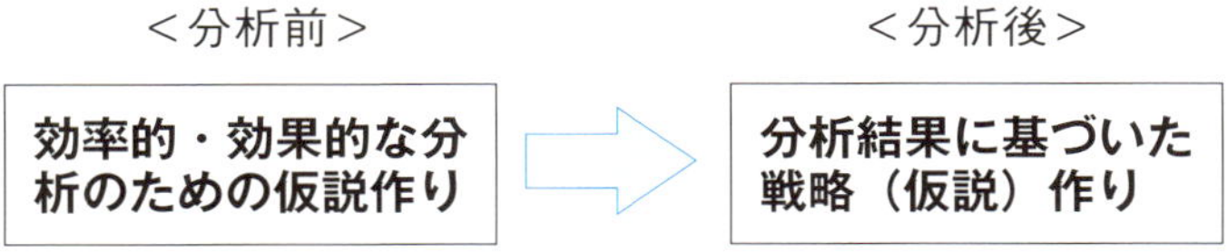
＜分析前＞
効率的・効果的な分析のための仮説作り
＜分析後＞
分析結果に基づいた戦略（仮説）作り

もちろん常にドンぴしゃりの仮説が最初から立てられるわけではありません。絶対的なコツがあるわけでもなく、それこそ「直感と経験、常識」で組み立てる場合が多いことでしょう。しかし、分析はその仮説を検証するために行うので、仮説の妥当性や精度を初めからあまり気にしなくても大丈夫です。トライアンドエラーで、より正確な仮説と結論に近づけていこうとすれば良いのです。

手元に十分なデータがない／手元のデータでは情報が得られなかったときは

「色々分析したいけど、データが十分にそろっていない」
「手元にあるデータを使って分析したけど、期待した結果が得られなかった」

このように、データがなくて（足りなくて）分析できなかったり、「手持ちのデータで分析するだけでは目的が達成できない」という壁によくぶち当たります。でも、そこであきらめてしまうのはまだ早いのです。

工夫を凝らすことによって可能性が膨らむとすれば、試してみる価値があると思いませんか。そのヒントを見てみましょう。

・(1)「値」を「比率」に直してみる

分析では、データをそのまま使うだけでなく、元のデータを一度“加工”したデータを使う場合があります。よく使われるのが、絶対値から比率への加工です。次の例を見てください。

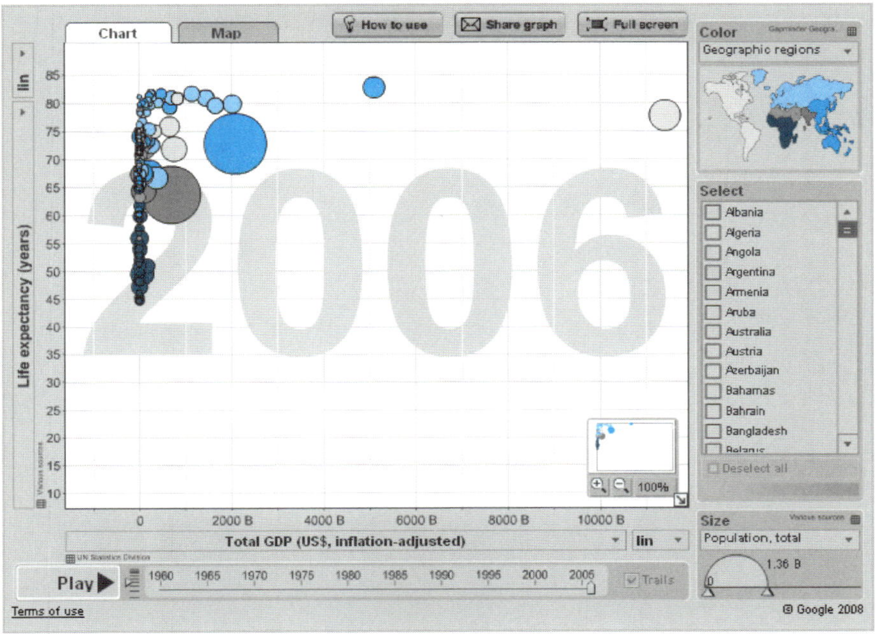

出典：http://www.gapminder.org/world

この図は、縦軸に「平均寿命」、横軸に「GDP」を取り、世界各国の状況を示したものです。この図を見る限り、特定の国が突出していることがわかる以外、目立った統計的な特徴を捉えるのは難しそうです。

ここで、横軸の「GDP」というデータに対して、「総人口」というデータを用いて加工してみます。すなわち、「1人あたりのGDP（GDP/Capita)」という比率データに置き換えます。

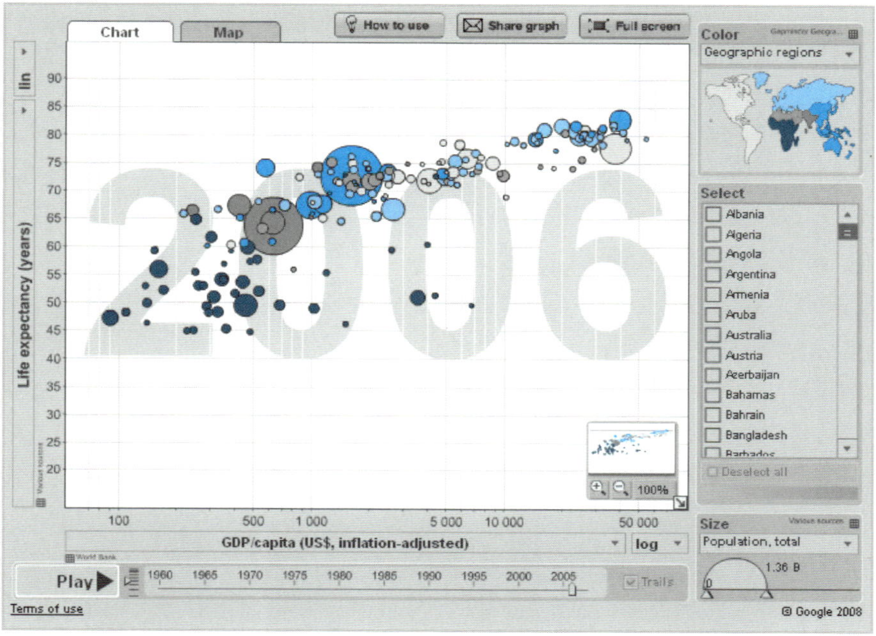

出典：http://www.gapminder.org/world

これを見ると、一部のアフリカ諸国を除いて、ほぼ右肩上がりの相関関係があることが見て取れますね。このように、同じ尺度でも少しアレンジを加えることで、違った景色が見えてくることがあるのです。

このように比率に置き換えるときによく使われるのが次のものです。

・人口1人あたり
・世帯あたり
・従業員1人あたり
・年（月／週／日）あたり
・売上あたり
・XX円あたり
・m^2あたり

これらは特に一般的に入手しやすいことでよく使われますが、個別のケースによってもっとアレンジの幅は広がります。また、このような「単位あたり」の比率だけでなく、男女比や年齢層比、前年比などの比率を軸に取ることもあります。ひと手間加えるだけで、分析のバリエーションはかんたんに広がるのです。

もちろん、まったく意味の成さない比率を、より明確な結果を得るために強引に使うことは本末転倒です。しかし、発想を少し広めに持つように心がけ、気軽にトライアンドエラーができるようになると、分析が楽しく感じられるようになることでしょう。

・(2) 要素を分解して取り出してみる

データの加工は何も「比率への変換」だけではありません。同じデータでも、「分解する」ことで違った世界が見えることがあります。

第3章でも説明しましたが、要素に分解するための切り口のことを「属性」と言い、次のような例があります。

・男女別
・地域別
・商品別
・年齢別
・所得別
・国籍別
・季節別
・時代別

全体の中に埋もれてしまって見えなくなっている属性ごとの性質を切り出すことで、より詳細な結果や気づきが得られることがあります。

たとえば、コンビニエンスストアについて「駅からの距離」という立地条件と「月あたりの来店回数」のデータを取ったとします。結果は、相関係数も-0.22と低いため、「相関はない」と結論づけることでしょう。

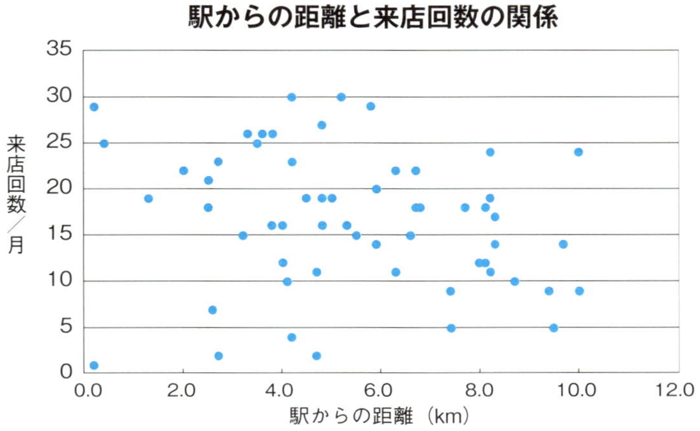

しかし、もしここでデータの男女別の内訳が入手できれば、個別に分析できます。このケースでは、男性（青）には顕著な相関は見られない一方、女性（グレー）には-0.72という高い相関が見られることがわかります。

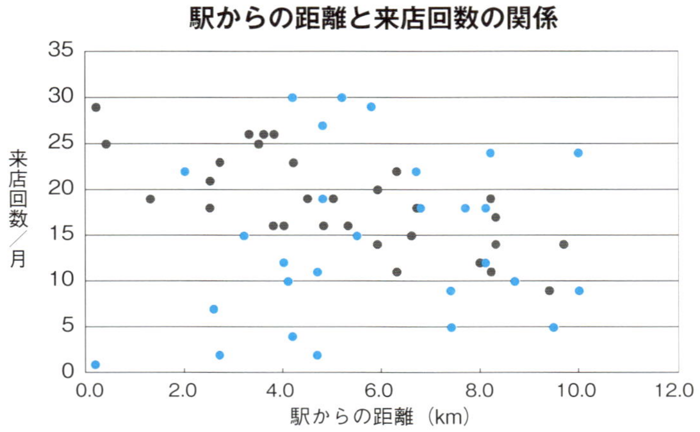

この結果を見れば、女性にフォーカスした企画が生まれるかもしれません。また、同じ女性でも「年齢層別」でさらにブレイクダウンすることで、企画の効果をより高められるでしょう。

このようにきめ細かく分析できるのも、「要素へ分解する」ことの利点です。

・(3) データの範囲を変えてみる

前章で「気をつけるべき点」として紹介したものと同じ視点です。

たとえば、過去1ヶ月分のデータを過去6ヶ月に広げることで、同じ情報源を使った分析でも違う結果が得られるかもしれません。反対に、1か月分を1週間分に短くする選択肢もあります。

また前章同様、分析に用いるデータ全体の範囲だけではなく、データを区切る単位（時間でいえば日次、週次、月次など）を変えてみることも新しい気づきを得る1つの方法です。多くの場合、区切る範囲を広げるのではなく、「より細かい単位で見る」ことで詳細な情報が得られます。これは、先の「要素の分解」と同じ発想です。

範囲は時間だけでなく、地理的な範囲、商品、年齢などの属性もあります。これらのバリエーションを広げることで、いくつもの分析ができるようになります。

ただし、もしその範囲を変えることで結論が変わることがあれば

「なぜその範囲の違いが結論を変えたのか」

を考えなければなりません（前章の訓練期間と記入ミスの例を思い出してください）。また、最終結論を出す際に採用したデータの範囲について、合理性を説明する必要もあるでしょう。

・(4) 他に入手できるデータを探してみる

業務上扱っている過去のデータや競合データなどが、課題により近い

データとして優先されるべきです。しかしそれらのデータだけでは十分でない場合、外にも目を向けてみる価値があります。完全に社内に閉じた業務でない限り、何かしらの形で市場（世の中）との接点を持っているからです。

たとえば政府が発表している経済指標（GDPや物価指数、景気指標など）など、だれでも入手できるデータはネット上にはたくさん存在します。特に、行政が公開しているデータはだれでも無償で入手でき、データの信憑性も高いので安心して使えます。使いやすいようにExcel形式で公開されているデータもたくさんあります。プレゼンなどに使う場合、その出典が公的なものであることをあえて明記することで、受け手に対してより説得力を与える効果も得られます。

ただし、これら外部のデータを扱うときには、データの定義をしっかり確認するよう注意してください。たとえば、GDPデータを使うにしても、「名目GDP」なのか「実質GDP（物価の上昇／下落の影響を取り除いたもの)」なのかは、「GDP」というだけではわかりません。そして、定義がわからないまま使ってしまうと、分析が台なしになりかねません。

その他、「XX保有率」のような比率データを国別で比較するような場合、その母数となる前提が国ごとに異なる場合がある点も要注意です。対象とする年齢層が違っていたり、「世帯あたり」と「1人あたり」のような前提が異なる場合も考えられます。これらを同じグラフ上で比較することに意味がないのは言うまでもありません。

「公共のデータだから安心」ではなく、内容について十分確認し、理解することを忘れないようにしてください。

・(5) 定性情報を定量方法に変える

「インタビュー結果などの定性情報（数字データでない情報）は、分析しようにも使えない」

そう思い込んでいませんか？

たしかに使いにくいものもありますが、必ずしもすべてがそうとは限りません。定性情報も複数あれば、立派な定量情報（数字データ）に置き直せるのです。

たとえば、フリーコメントで次のような定性情報を得たとしましょう。

性別	年齢	製品	コメント
男性	27歳	AT-01	色は好きだが、使い勝手が悪い
女性	31歳	AT-01	ぜひ買いたいが、価格が高い。もうちょっと安いと良い
男性	39歳	AT-01	すばらしい。発売されたらすぐにでも買いたい
:	:	:	:
女性	42歳	AT-01	デザインが気に入った。買うかどうかはわからない
男性	25歳	AT-01	競合製品に機能で劣る。今のままだと買わない

これらの情報を元に、製品の良い点をさらに改良し、悪い点を改善したいと考える場合、ポジティブ／ネガティブそれぞれの目的に活用できるキーワードをコメントの中から探してみるといいでしょう。この例では「使い勝手」「価格」などです。

そして、それらのキーワード（ぴったりでなくてもそれに類するもの）がいくつあるかを数えましょう。その結果を次のようにまとめれば、立派な定量データに変換できるのです。

ポジティブな点（全回答者数の中の比率（%））

		価格	デザイン	使い勝手	性能・機能
20代	男性	31	76	49	68
	女性	24	55	32	64
:	:	:	:	:	:
40代	女性	79	44	27	38

もちろん、以下のような理由で、精度に対してある程度の妥協が必要な場合もあります。

・キーワードの定義があいまい
・コメントの解釈に幅がある
・1つのコメントに複数の要素が入っていてダブルカウントしてしまっている

ただ、「データがないから」と諦めることに比べれば、定量的に全体像をつかめ、共有できる価値は否定できません。
昔いっしょに仕事をしたコンサルタントが次のように言っていました。

「定性情報は、集まれば定量情報になる」

まさにこの言葉のとおりだと思います。

同じデータ、同じ分析方法を使ったとしても、そのひと工夫ができるかどうかで、分析結果の質は大きく異なります。「データが少ない」とすぐにあきらめるのではなく、工夫を凝らすことによって可能性が膨らむとすれば、これらの方法を試してみる価値があると思いませんか？

コラム 属性データを効率よく集めるには

ただし、いつも属性データが存在するとは限りません。もし分析のために新たにデータを収集する場合には、あらかじめ必要となる属性にブレイクダウンしたデータを収集する必要があります。後から属性データを集め直したり、使わないかもしれない属性データを集めようとするのは、実務上非効率もしくはムダです。

その対処法の1つは、「仮説を持ち、その仮説を検証するために必要な属性のデータを集める」ことです。たとえば、第1章のマネージャが使う分析手法のデータですが、アンケートを作成する際に

「きっと技術系の職種とそれ以外の間に差があるはずで、一方が顕著に偏っている場合、合計の結果に強く影響するだろう」

との仮説を持ちました。そのため、アンケートの回答事項に「あなたは技術系ですか、非技術系ですか？」というチェック項目を加えることにしたのです。質問を「通常使うものに加え、業務上使ったことがある手法」に範囲を広げ、その結果を織り込んだものが下記になります。

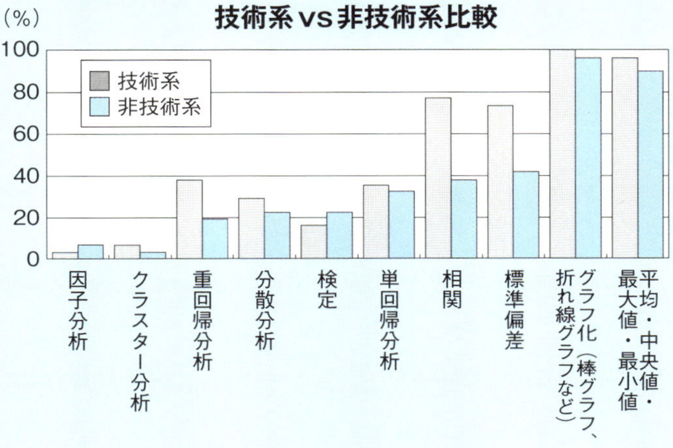

技術系は相関と単回帰分析の間に大きなギャップが生まれますが、非技術系ではグラフ化と標準偏差の間になり、明確な違いがあることがわかりますね。

このため、もしこの結果に基づいて現状を把握し、何かしらのアクション（たとえばトレーニングのレベルを設定するなど）を取るとすれば、技術系と非技術系に同じものを提供すると、両者にとって中途半端なものになりかねないことがわかります。

データを使ったプレゼンのコツ

分析結果を数字だけで見せても、相手には言いたいことが伝わりにくいものです。そこで、グラフによる視覚化などを効果的に使い、相手の理解度を高める工夫が求められます。

たとえば次の3つの例を見てください。

駅からの距離	来店回数／月
19	8.2
15	6.6
11	6.3
23	4.2
16	4.8
23	2.7
19	5
17	8.3
16	3.8
21	2.5
14	8.3
9	9.4
29	0.2
22	6.3
26	3.8

駅からの距離	来店回数／月
26	3.6
11	8.2
25	3.5
26	3.3
18	6.7
19	4.5
25	0.4
20	5.9
12	8
18	2.5
14	9.7
16	4
16	5.3
14	5.9
19	1.3

相関係数：-0.72

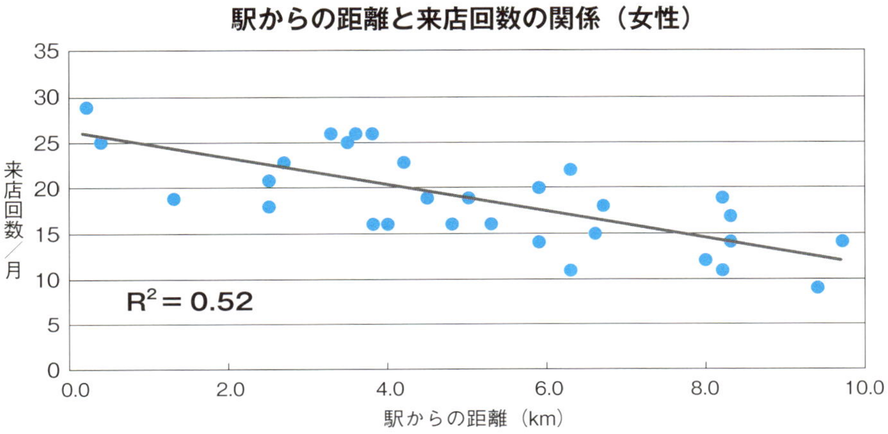

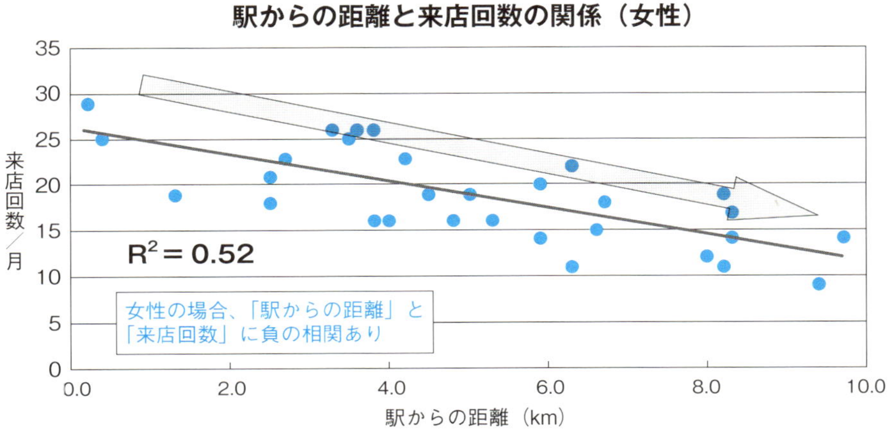

1つめの例では、生のデータと分析結果だけを載せています。「しっかりデータをまとめた」ことはよくわかるのですが、伝える相手の立場からみて必要な情報が提供されていません。

2つめの例では、生データを載せるのではなく、分析結果をグラフ化（視覚化）してサマリーしています。また、結果のR^2値も載せることで、分析結果の妥当性も示しています。「分析結果」としてはポイントがまとまっていると言えます。しかし、これは「結果」であって、分析者の「結論（主張）」がはっきりと現れていません。

3つめの例では、2つめの例に加えて、分析者が伝える相手に理解してほしい「結論」がハイライトされています。一番理解してほしい結論に比べれば、R^2やグラフの中の各データなどは、結論をバックアップする情報にすぎません。その観点から、ハイライトすべき優先度がはっきり現れた見せ方ではないでしょうか。

一方、忘れてはいけない原則は

「1つのグラフや表にたくさんのポイントを詰め込みすぎない」

ことです。たとえば左右異なる軸の棒グラフと折れ線グラフを混在させ、多くの情報を織り込んだ（見た目上）綺麗なグラフを目にすることもありますが、よほどうまく見せないととても理解しにくくなります。

努力してたどりついた分析結果をすべて盛り込みたい衝動に駆られるかもしれませんが、伝えるものが多いほど優先度がぼけてしまうことがあります。

「優先的に理解してほしいことは何か？」

それをよく考えてみましょう。

その他一般的なポイントとして次のことがおすすめです。

・ある絶対値（年度末時点の売上高など）をハイライトしたい場合

⇒グラフ中にその値（数字）を入れる

（ハイライトすべき数字だけを入れたり、その他の数字と見た目で区別できるように大きさや色を変えたりすることも効果的）

・特定のデータとその他のデータとの差をハイライトしたい場合

⇒差を示すスペース（たとえば2つの折れ線グラフの間）に両方向の矢印を描き、「差が大きいこと」を強調する

・**特定のデータの変化（伸び率など）をハイライトしたい場合**

⇒折れ線グラフなどのグラフに沿って、変化の方向を示す矢印をデフォルメして併記する

部署別実績の相対推移

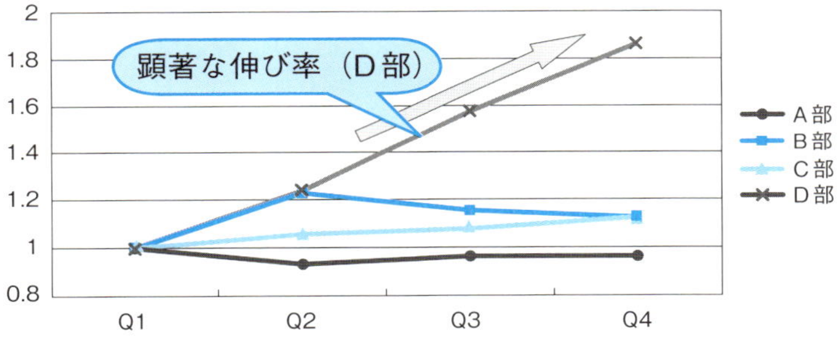

「分析結果」と「結論」は、言いたいことは同じでも、“見せるもの”としては異なります。プレゼンを見る人は、「結果」よりも「結論」を重視するほうが普通です。分析者は、えてして「結果」と「分析の正当性」を見せることに終始してしまいがちですが、コミュニケーションの手段としてのプレゼン方法も工夫することで、あなたの分析の努力の結果がより伝わりやすくなることでしょう。

コラム 良いプレゼンターの要件（かんたん操作の落とし穴）

現在は、Excelを使ってグラフを作成したり、グラフをPowerPointに取り込んだりして、かんたんにプレゼン資料が作れるようになりました。本書で紹介した以外にも、グラフのバリエーションは凝れば凝るほど際限なく広げることができます。便利なソフトを使い、テクニックを駆使すれば「複雑・多彩な情報も見栄えよく織り込める」という利点が得られるでしょう。

その一方、「本当に伝えるべきポイント」や「受け取り側の視点」が伝える側からはいつの間にか見えなくなってしまう危険性もあります。カラフルなグラフは作った人の満足度を高めますし、コピー＆ペーストで大量のグラフを作るのもたやすいことですが、それが心理的な盲点となり、トラップに気づけなくなるのです。

受け取り側の視点に立てば、一度に理解できる情報には許容量があります。本当に必要な情報だけをシンプルに伝えるほうが、プレゼンの目的がより達成しやすくなります。「伝える側」と「受け取り側」とのギャップを意識できることが、良いプレゼンターの要件の１つです。

そのために、自分の「見せ方」を客観的に外から眺めてみる機会と心の余裕を持つよう、心がけてください。

おわりに

ビジネスや職場のグローバル化が進んでいます。

私が籍を置く職場も、“あ・うん”の呼吸が通じる日本人「以外」の人たちとの仕事の割合がますます増える一方です。

グローバル化は、日本人社会で育った者には厳しい面が多々あります。一方、ビジネスとしても、個人としても、「これまでとは違う新しい世界が広がるチャンス」と捉えることもできます。私はどちらかというとポジティブに捉えています。

その中で、仕事に求められるスキルも少しずつ以前とは変わってきているように感じます。もちろん、協調性、気配り、地頭力などの「ソフト面」で求められる力は以前とさほどは変わらないでしょう。しかし、自分とは違った文化や教育の中で生きてきた人たちといっしょにビジネスをするための「ハード面」の基本スキルとして、次の3つが必要になることがより明確になってきていると考えています。

(1) どんな言語の人ともコミュニケーションがとれる「**英語力**」
(2) ビジネスの基本概念となる「**会計知識**」
(3) 数字を読み取り、分析できる「**数字力**」

必ずしもそれぞれがエキスパートレベルである必要はないものの、

「ある一定のレベルがあれば、どんな国の人とも、それらを共通のプラットフォームとして理解しあえる」

という利点は絶大です。

本書では、このうち (3) につながる内容を紹介しました。「数字」をうまく扱えれば、それだけで世界標準のスキルの1つを手にしたことになります。

私たちが仕事で突き当たる課題では、直接ヒントをもらえるわけではありません。それどころか、まっさらな白紙に、だれもが納得するストーリーを作り、提案しなければならないかもしれません。でも、そこであきらめてしまっては、あなたは「解決方法が明確な問題にしか対応できない人」になってしまいます。

そのような状態の中、数字の力は解決に向けて穴をこじ開け、前に進むための有力なカギとなりえます。

また、数字を元に分析したり考えたりする力は、決してビジネスだけに役立つものではありません。ネットなどで有象無象の情報が氾濫する中、すべてを鵜呑みにすることなく、ときに批判的に情報を読み取り、自分なりに把握する「情報リテラシー」を高める強力なツールにもなります。

統計やデータ分析の世界に第一歩を踏み出すことができれば、

「このデータではどうなるんだろう？」
「もう1つのやり方でやってみたらどうか？」

など、どんどん世界が広がり、「数字を扱うことの楽しさ」を味わえると思います。そうなれば、分析者としての経験値と技量も必然的に向上する好循環が生まれるはずです。本書がそのきっかけになれたらうれしく思います。

本書を読み終え、「さらに多くの統計スキルを身につけたい」という意欲が沸いてきた方は、ぜひ次の一歩として、拙著『Excelで学ぶ意思決定論』（オーム社）も参考にしていただけると幸いです。

また、提案や交渉（もしくはそんなに堅苦しい場面でなくても）を通して人を動かそうとすると、必ずしも数字と理論だけではどうにもできない場面に出くわすこともあるでしょう。そのようなときには、ぜひ『人は勘定より感情で決める』（技術評論社）をあわせてお読みいただければきっとお役に立つと思います。

本書執筆にあたっては、技術評論社の傳智之氏にまたしても絶大なサポートをいただきました。辛抱強く、永きにわたりお付き合いいただいたことに感謝の意を表したいと思います。

最後に、執筆のために遊び時間を少し我慢してくれた優基と朋佳、そしていつも理解と協力を惜しまない妻明子に「ありがとう」の言葉を送ります。

2012年3月　柏木吉基

◆ 参考図書

■ 統計の知識を補完・発展させるために

●統計学がわかる
向後千春、冨永敦子 著／技術評論社 刊【難易度：易】
　統計の基礎を平易に説明した良書。本書ではカバーしなかった検定などの考え方も学べます。

●数字のカラクリを見抜け！
吉本佳生 著／PHP研究所 刊【難易度：中】
　データや統計の落とし穴について広く学べます。

●統計データはおもしろい！
本川 裕 著／技術評論社 刊【難易度：中】
　豊富な実例とともにデータや統計の落とし穴が学べます。

●Excelで学ぶ意思決定論
柏木吉基 著／オーム社 刊【難易度：中】
　本書の次のステップとして、実務における統計スキルをより深めるのに最適です。

■ 統計から派生する必須知識を得るために

●人は勘定より感情で決める
柏木吉基 著／技術評論社 刊【難易度：易】
　本書で紹介する理論的アプローチとあわせて、モノゴトや人を動かすために必要な人の心理的バイアスを学べます。

●「自分の頭で考える」ための本
国司 義彦 著／日本能率協会マネジメントセンター 刊【難易度：易】
　分析にも必要とされるクリティカルシンキング（批判的思考）の大切さを紹介しています。

●ビジネスマンのための「発見力」養成講座
小宮一慶 著／ディスカヴァー・トゥエンティワン 刊【難易度：易】
　問題を解決するだけでなく、自ら「発見」する大切さを説いた本。分析にも必要な発想が身につきます。

●象の鼻としっぽ

細谷 功 著／梧桐書院 刊【難易度：中】

統計やデータを使って客観的に分析することが必要な理由として、人による前提の置き方が異なることを紹介しています。

●見て見ぬふりをする社会

マーガレット・ヘファーナン著、仁木めぐみ訳／河出書房新社 刊【難易度：中】

人が問題に対して意識的／無意識的に盲目的になってしまう傾向について述べた本。主観や勘でなく、客観的に分析するアプローチが重要であることがよく理解できます。

●選択の科学

シーナ・アイエンガー 著、櫻井祐子 訳／文藝春秋 刊【難易度：難】

人が意思決定することについて、広く、科学的に学べます。

索　引

た行

は行

や行

執筆者略歴

柏木吉基（かしわぎ よしき）

データ＆ストーリー代表。多摩大学大学院　ビジネススクール客員教授。横浜国立大学・亜細亜大学　非常勤講師。

神奈川県生まれ。慶應義塾大学理工学部卒業後、日立製作所入社。在職中に欧米両方のビジネススクールにて学び、2003年MBAを取得（Academic Award受賞）。

2004年日産自動車へ。海外マーケティング＆セールス部門、組織開発部ビジネス改革グループマネージャなどを経て、2014年独立。

グローバル組織の中で、社内変革プロジェクトのパイロットを務め、経営課題の解決、新規事業の提案など、数多くの実績を持ち、これらを強味にデータ分析やロジカルシンキングなどの企業研修やコンサルティングを実施している。

著書に『人は勘定より感情で決める』（技術評論社）、『Excelで学ぶ意思決定論』（オーム社）などがある。

これまでに世界約120カ国を訪問、国内では旧東海道500キロを踏破した経験を持つ。

【データ＆ストーリー HP】http://www.data-story.net

明日《あす》からつかえるシンプル統計学《とうけいがく》
～身近《みぢか》な事例《じれい》でするする身《み》につく最低限《さいていげん》の知識《ちしき》とコツ

2012年4月25日　初 版 第1刷発行
2017年9月25日　初 版 第4刷発行

著　者　柏木吉基《かしわぎよしき》
発行者　片岡　巌
発行所　株式会社技術評論社
　　　　東京都新宿区市谷左内町21-13
　　　　電話　03-3513-6150　販売促進部
　　　　　　　03-3513-6166　書籍編集部
印刷／製本　日経印刷株式会社

定価はカバーに表示してあります。

●装丁　小島トシノブ／齊藤四歩（NONdesign）
●制作　株式会社 マッドハウス
●編集　傳 智之

ISBN978-4-7741-5054-3 C3036

Printed in Japan